DÉCOUVERTE

DE LA VÉRITABLE CAUSE DES

FLUX & REFLUX

DE LA MER

DÉCOUVERTE

De la véritable cause des

FLUX & REFLUX

DES MERS.

DÉCOUVERTE

DE LA VÉRITABLE CAUSE DES

FLUX & REFLUX

DES MERS

Basée sur la force centrifuge des corps, contradictoirement au système d'attraction,

PAR

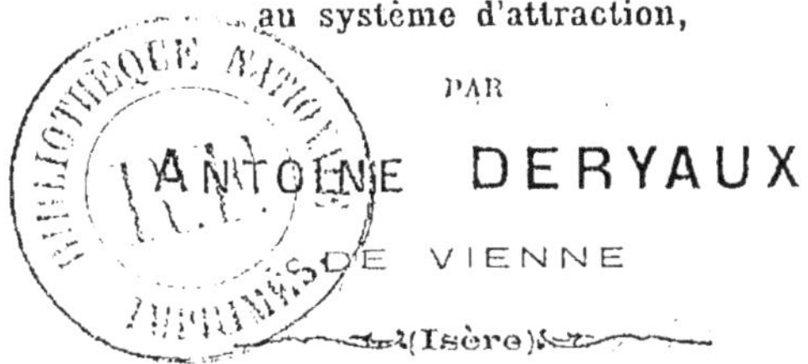

ANTOINE DERYAUX,

DE VIENNE

(Isère)

CETTE IMPORTANTE DÉCOUVERTE OUVRIRA DES VOIES NOUVELLES A LA SCIENCE ET AURA D'UTILITÉ POUR LA SÉCURITÉ DE LA NAVIGATION.

PRIX : 2 francs.

PARIS

CHEZ

GAUTHIER-VILLARS, Sr de Mallet-Bachelier,

Quai des Grands-Augustins, 55.

CHEZ

Veuve JULES RENOUARD,

Rue de Tournon, 6.

AOUT 1871.

PRÉFACE.

M'étant aperçu que les systèmes usités pour expliquer
la gravitation universelle des corps laissaient beaucoup
à désirer, j'ai pensé que, malgré le respect qu'on doit
avoir pour les règles établies par d'illustres prédéces-
seurs, il est permis de chercher s'il n'existe pas des
moyens propres à mieux faire connaître qu'on ne l'a
fait jusqu'à ce jour par quelle loi les corps célestes con-
servent entre eux leurs distances respectives, tout en ayant
une tendance à se précipiter les uns contre les autres.

A force d'études, en me basant sur les mouvements
qu'on voit effectuer aux planètes par rapport au soleil,
qui est leur centre de gravitation, ainsi que sur ceux
qu'on voit exécuter à la lune par rapport à la terre, qui
est également le point d'appui du globe lunaire, j'ai cru
reconnaître que le premier et véritable mobile de la
matière, c'est la force centrifuge des corps en général.

Par cette force, tous les corps, grands et petits, tendent à prendre le plus de développement possible, et

l'ensemble de la matière agissant par réaction tend constamment à diminuer les grandeurs de place qu'occupent
dans l'espace les corps particuliers.

Par la force centrifuge des corps, qu'on peut appeler
répulsive ou impulsive, on se rend compte comment les
corps célestes inférieurs sont tenus à distance de leurs
supérieurs, tout en étant constamment poussés vers leur
centre de grvaité.

Lorsque la chute d'une pomme fit imaginer à Newton
une puissance attractive universelle, par laquelle les gros
corps attiraient les petits, le célèbre mathématicien anglais
ne tarda pas à s'apercevoir que cette puissance d'attraction
réunirait toutes les planètes au soleil et ne formerait plus
qu'une seule masse.

Pour remédier à cet inconvénient, Newton imagina
aux planètes une force de projection qui tendrait
à leur faire suivre une ligne droite, et que cette
ligne serait déviée par l'attraction du soleil, qui ferait
décrire des curvilignes aux planètes.

Ce système très-ingénieux séduisit tous les penseurs,
et les fit dévier de la voie qu'ils auraient pu suivre pour
découvrir la vérité.

La force de projection en ligne droite que Newton a
supposée aux planètes n'étant démontrée par aucune
raison plausible, cette force, ainsi que beaucoup d'autres
imaginations pour faire concorder les causes avec les
faits, sont des œuvres dignes d'un génie supérieur, mais

elles ne peuvent pas prévaloir contre la vérité, surtout lorsque cette vérité se manifeste dans tous les corps célestes et terrestres.

Ce qui a fait imaginer que les corps possédaient la propriété de s'attirer mutuellement, c'est parce qu'on a remarqué que ceux placés entre la terre et son atmosphère avaient tous une tendance à rejoindre le sol terrestre ; alors on a dit : la terre, qui est le corps le plus gros, attirant tous ceux qui l'environnent, ce doit être une règle générale pour tous les corps célestes et terrestres : les gros corps doivent nécessairement attirer les petits.

On a dit cela parce qu'on n'a pas pensé à la compression de l'ensemble de la matière, qui tend constamment à diminuer les grandeurs de place qu'occupent dans l'espace les corps particuliers, et que, par ce fait, les centres de gravité, au lieu d'avoir la propriété d'attirer à eux les corps inférieurs qui les entourent, ont celle de les tenir à l'écart par leur force centrifuge, expansive ou répulsive.

Pour être dans le vrai, au lieu de poser comme principe que les corps s'attirent généralement, c'est l'inverse que Newton aurait dû dire, parce qu'en examinant la loi immuable de la nature on voit que, au lieu de s'attirer mutuellement, tous les corps, grands et petits, ont une tendance à se repousser plus ou moins, suivant leur organisation physique, et cela d'après leur force centrifuge, qu'on peut appeler, comme je l'ai dit plus haut, expansive ou répulsive.

Pour bien faire comprendre cette vérité, je vais expliquer succinctement comment agissent dans la matière, d'après les positions respectives des corps terrestres et célestes, les deux forces opposées connues sous les noms de force centrifuge et force centripète.

Après ces explications, je démontrerai quelles sont les véritables causes des flux et reflux des mers, et j'epère que s'il restait quelques doutes en faveur du système d'attraction, la démonstration des véritables causes des marées fera totalement disparaître ces doutes.

Je dis cela parce que la cause des flux et reflux des mers dépendant des corps étrangers au globe terrestre, on peut matériellement vérifier sur la terre quelle est la véritable influence qu'exercent ces corps pour faire soulever et abaisser alternativement les eaux des mers des deux côtés de la terre à la fois.

DISSERTATION SUR LES DEUX FORCES OPPOSÉES CONNUES SOUS LES NOMS DE FORCE CENTRIFUGE ET FORCE CENTRIPÈTE.

En examinant les deux forces centrifuge et centripète, on voit qu'il y en a une qui n'est que la conséquence de l'autre, parce que la matière ne peut pas exercer deux puissances opposées ; elle ne peut avoir qu'un mobile, qui s'étend jusqu'à ce qu'il rencontre une résistance suffisante pour le renvoyer par réaction.

En observant comment s'effectue le premier mobile de la matière, on voit que l'agent primitif qui provoque l'expansion et les mouvements, c'est la force centrifuge partant du centre des corps à leur extérieur.

Ainsi que je l'ai dit dans ma préface, cette force centrifuge, qu'on peut appeler expansive ou répulsive, est cause que, généralement, dans la nature entière, tous les corps, grands et petits, tendent à prendre le plus de développement possible, suivant leur organisation physique, et l'ensemble de la matière, agissant par réaction, tend constamment à diminuer ou à comprimer les places qu'occupent dans l'espace les corps particuliers.

La force centrifuge des corps dépend d'un agent actif composé de diverses matières impondérables connues sous différents noms, tels que fluide calorique, lumière, fluide électrique, fluide magnétique, etc., etc. Je n'ai pas assez de connaissances en physique et en chimie pour énumérer tout ce qui compose la matière subtile et inflammable qui, en provoquant la dilatation des corps, en augmente considérablement et rapidement les volumes.

La force centrifuge ou expansive des corps agit en tous sens, de bas en haut comme de haut en bas, à droite comme à gauche, et elle se trouve limitée par la résistance de la force centripète, qui la comprime également dans tous les sens.

On se rend compte de cela par de simples expériences. Comme, par exemple, lorsque, par une chaleur suffisante, un volume d'eau renfermé dans une chaudière se trouve dilaté et converti en vapeur, le développement que cette vapeur tend à prendre s'effectue dans tous les sens ; elle s'échappe par le tube qu'on lui a préparé, et si la force centrifuge de la vapeur est suffisante pour faire éclater la chaudière, faute d'issue pour l'épanchement, les éclats de ladite chaudière sont lancés dans tous les sens, à droite comme à gauche, en haut comme en bas, et ce n'est qu'aux endroits où ils éprouvent trop de résistance qu'ils ne vont pas.

Il en est de même d'une bombe qui éclate, ou de la décharge d'une arme à feu. Si quelques obstacles empêchent le projectile de prendre son essor par l'ouverture du canon de l'arme, il s'ensuit que la charge, tendant à prendre son élan dans tous les sens, repousse violemment la main ou l'affût qui la porte, et qu'elle éclate vers sa partie la plus faible, dessus ou dessous, à droite comme à gauche.

La force centrifuge ou expansive agissant dans tous les sens, il s'ensuit que, en s'agrandissant, les corps prennent tous une forme sphérique lorsque leur entourage est d'une égale flexibilité.

On a la preuve évidente de cela par une expérience bien simple : lancez un globule de savon dans l'espace, ce globule prend une forme ronde parce que l'expansion de la matière qui le remplit agit en tous sens contre une matière d'égale flexibilité, et les molécules de l'atmosphère qui le compriment lui opposent aussi une résistance égale de toutes parts.

Cette simple expérience explique pourquoi les corps célestes ont tous une forme sphérique, et il est certain que, comme pour les ballons, leur intérieur est composé de matières inflammables, et leur enveloppe de matières solides plus ou moins denses.

La force centrifuge ou expansive n'ayant pas deux manières d'agir, elle produirait les mêmes effets pour le développement des corps terrestres que pour celui des corps célestes si les corps terrestres ne rencontraient pas des inégalités dans la résistance qui s'oppose à leur développement.

On voit cela par les fruits suspendus librement par leur tige, les troncs des arbres, etc., etc. ; tous les corps dans la nature prennent une forme ronde lorsque ces corps rencontrent une résistance égale en tous sens, et qu'ils n'éprouvent aucun tiraillement capable de contrarier leur développement.

Cette loi est si vraie, qu'elle se trouve partout, jusque dans les plus petites molécules de la matière : ainsi, le sang qui circule dans les veines et artères des animaux de toutes espèces est formé de petits globules ronds ; le vin mousseux ne tend à s'échapper du vase qui le contient que par la fermentation de petits globules ronds qui, par leur force centrifuge et expansive, tendent à occuper le plus de place possible ; l'eau gazeuse, la bière, etc., etc., tous ces liquides contiennent des petits globules ronds, parce que la force centrifuge qui fait prendre du développement à ces globules agit en tous sens, et que la résistance que le liquide oppose à ce développement est aussi égale en tous sens.

Résumé : Tous les corps, grands et petits, qui composent l'ensemble de la matière, depuis les plus petites molécules terrestres jusqu'aux grands astres de première classe, tous les corps en général, dis-je, tendent à prendre le plus de développement possible dans l'espace par leur force centrifuge ou expansive, et l'ensemble de la matière, agissant par réaction, tend constamment à diminuer ou comprimer l'étendue de volume que tendent à prendre les corps particuliers.

De ce fait il résulte, ainsi que je l'ai déjà dit, que les corps célestes inférieurs sont tenus à distance par leurs supérieurs, et sont constamment poussés vers leur centre de gravité par l'ensemble de la matière.

La force centripète ou compressive a lieu sur les corps particuliers par l'ensemble des corps en général, qui, aux regards des hommes, n'a ni fin, ni commencement, et a son centre partout.

Je dis que l'ensemble des corps qui figurent dans le firmament est un objet infini pour l'homme, parce que le nombre des astres est incalculable, puisqu'on ne peut pas préciser jusqu'à quelle distance il y en a.

En supposant qu'on parvînt à préciser combien on peut voir d'étoiles à l'œil nu, on ne pourrait pas savoir le nombre de celles qu'on pourrait encore découvrir à l'aide d'un bon télescope; et quand même on parvien-drait à déterminer ce nombre, il n'y a pas de raison pour admettre qu'un observateur placé sur l'étoile la plus éloignée de celles qu'on pourrait apercevoir avec un bon télescope, n'en vît pas d'autres du côté qui nous est opposé.

Par ces motifs, on peut conclure que jamais les hommes ne parviendront (quelle que soit la perfection de leurs instruments d'optique) à préciser le nombre des étoiles, ni à mesurer l'espace; ces objets seront toujours indéfi-nissables pour eux.

Il n'en sera pas de même à l'égard du sens de la gra-vitation des corps, car la terre faisant partie du système solaire, et étant le centre de gravité de la lune, les hommes

peuvent facilement observer comment s'effectue la gravitation des planètes par rapport au soleil, ainsi que le
sens de gravitation de la lune par rapport à la terre.

Pour faciliter cette observation, il suffit de classer les
corps célestes dans leur ordre respectif, d'après ce qui
se voit et qui a été reconnu par la science.

CLASSIFICATION DES CORPS CÉLESTES.

En admettant, ce qui est à peu près certain, que le soleil ne peut figurer dans le firmament que comme un astre de deuxième classe, les corps célestes connus des hommes seraient divisés en quatre classes et dans l'ordre suivant :

1° Les grandes étoiles fixes.

2° Les soleils, comme celui qui est le centre de gravité des planètes.

3° Les planètes qui font partie du système solaire, telles que la Terre, Jupiter, Saturne, etc., etc.

4° Et enfin, les satellites ou lunes des planètes, tels que les quatre satellites de la planète Jupiter, la lune de la terre, celles de la planète Saturne, de la planète Uranus, etc., etc.

Il est possible que les corps célestes qui ne font pas partie du système solaire, et qui, par conséquent, sont trop éloignés de la terre pour que les hommes puissent s'en rendre compte, il est possible, dis-je, qu'il y ait des corps célestes divisés en plus ou moins de classes que ne le sont ceux qui font partie du système de notre soleil. Néanmoins, quelle que soit la multiplicité de leur déclinaison, ils doivent être tous soumis à la même loi pour la gravitation, attendu que la matière ne peut pas avoir deux manières d'agir.

Il y a encore un genre de corps célestes connus sous le nom de *comètes*, mais ces astres (qui parfois entrent dans le système planétaire) ne peuvent pas former une nouvelle classe de corps célestes, car ils doivent être rangés dans la troisième catégorie comme les planètes faisant partie du système solaire, avec la différence que, par l'excentricité de leur organisation physique, les comètes traversent le système solaire en tous sens en croisant les cercles que parcourent les planètes autour du soleil.

DISSERTATION SUR LA NATURE DES CORPS CÉLESTES CONNUS SOUS LE NOM DE COMÈTES.

Les comètes doivent être des corps étrangers au système solaire, lesquels corps auraient été déposés par quelques systèmes voisins au système planétaire; et voici sur quoi je fonde cette hypothèse.

Les planètes qui font partie du système solaire, telles que la Terre, Jupiter, Saturne, etc., ces planètes exécutent leur révolution périodique autour du soleil en restant presqu'aux mêmes distances de cet astre, suivant leur densité ; elles se rapprochent et s'éloignent alternativement du globe solaire, mais d'une manière peu sensible ; elles ne croisent pas pour cela les cercles parcourus par d'autres planètes, comme font les comètes, car ces derniers astres extraordinaires, partant des régions extérieures du système solaire, s'avancent presque en ligne droite au centre dudit système, et viennent quelquefois passer entre Vénus et Mercure. Il y en a qui, parfois, passent entre Mercure et le globe solaire, et il est même probable que quelques-unes sont tombées sur le soleil.

J'émets cette dernière opinion parce que parmi les comètes qui ont croisé le système planétaire il y en a qu'on n'a jamais revues, et cela peut venir de ce qu'elles auraient été poussées jusque sur le soleil, sur lequel elles seraient restées.

Parmi les comètes il y en a qui se sont fixées dans le système solaire d'une manière à y rester éternellement, et exécutent des révolutions périodiques en se portant alternativement du centre du système planétaire à l'extérieur, et de l'extérieur au centre.

Pour bien faire comprendre d'où vient l'excentricité des mouvements des comètes (d'après ma manière de voir), je supposerai qu'il soit possible d'enlever la terre de la place qu'elle occupe dans le système solaire, et qu'au lieu de la laisser circuler autour du soleil, à une distance moyenne de trente-quatre millions et cinq cent mille lieues (distance qui est en rapport avec la densité du globe terrestre), on transporte la planète la Terre dans les régions extérieures du système solaire, comme, par exemple, sur les cercles que parcourent Uranie ou Neptune.

Il est certain que le globe terrestre, placé à cette distance du soleil, ne décrirait plus autour de cet astre un cercle presque circulaire, mais une hyperbole très-allongée, comme celle que décrivent les comètes.

Je fonde ce raisonnement sur ce que, d'après, sa densité, la terre traverserait, en ligne presque droite, l'atmosphère du système solaire, pénétrerait au centre de ce dernier autant que le lui permettrait l'impulsion de son poids, et irait jusqu'à ce que le soleil lui opposât assez de résistance par sa force centrifuge répulsive et impulsive pour faire circuler le globe terrestre autour de son corps et le relancer à l'extérieur de son système.

Par cette explication on voit que le déplacement de la terre dans le système solaire la mettrait dans le cas de dépasser les limites qui lui sont assignées dans le système planétaire d'après sa densité, et cela à cause de l'impulsion que lui donnerait son propre poids, comme aussi, une fois trop avancée au centre du système solaire, le globe terrestre ne serait pas assez pondérable pour se maintenir à aussi peu de distance du soleil, et il serait relancé en dehors du cercle qu'il doit parcourir ; ainsi de suite. Une fois l'équilibre rompu, la terre oscillerait dans le système solaire en allant alternativement du bord au centre de ce système, et du centre au bord, comme font les comètes qui se sont fixées dans le système planétaire.

Ainsi que je l'ai dit (page 17), les comètes étant des corps étrangers au système solaire, qui auraient été déposés dans ce dernier système par quelque système voisin, leur densité ne se trouvant pas en rapport avec la résistance qui existe à l'extérieur du système planétaire, il s'ensuit que lesdites comètes pénètrent plus ou moins au centre de ce dernier système, allant alternativement de l'extérieur au centre, et du centre à l'extérieur, absolument comme ferait la terre si, comme je l'ai dit plus haut, on pouvait la transporter dans les régions extérieures du système solaire.

EXPLICATION SUR CE QUI A FAIT CROIRE QUE LE SOLEIL N'EST
PAS UN ASTRE DE PREMIÈRE CLASSE.

Ce qui a fait supposer que notre soleil ne doit pas être un astre de la même catégorie que les grandes étoiles fixes, c'est parce qu'on a reconnu que le disque du soleil cesserait d'être aperçu à l'œil nu si on l'observait d'une distance cent mille fois moins grande que celle qui nous sépare de la plus rapprochée des étoiles fixes.

On a eu cette opinion en voyant qu'en quel endroit que se trouve la terre dans le courant d'une année, qu'elle soit en conjonction ou en opposition par rapport à une étoile fixe quelconque, ce qui fait une énorme différence de distance, cette différence de distance n'a aucune influence aux regards des hommes, qui ne voient cette même étoile ni plus grosse, ni plus radieuse.

Par une simple opération géométrique, à l'égard de l'étoile polaire, on reconnaît les distances incalculables qui doivent séparer les étoiles du système solaire, ainsi que les grandeurs extraordinaires que doivent avoir les disques de ces étoiles.

Que l'on observe l'étoile polaire en mars ou en septembre (ce qui fait un déplacement à la terre d'environ 70 millions de lieues), on voit toujours cette étoile en ligne directe avec l'axe de la terre.

Cela prouve que, pour un observateur placé sur ladite

2

étoile polaire, l'élipse que parcourt le globe terrestre autour du soleil en une année n'occuperait pas dans l'espace un millimètre d'étendue, quoiqu'ayant un diamètre d'environ 70 millions de lieues.

Cela démontre également que le disque de l'étoile polaire serait beaucoup trop large pour passer entre le soleil et la terre, tout comme le disque du globe solaire serait beaucoup trop gros pour passer entre la terre et la lune.

Ce que je viens d'expliquer au sujet de la nature des comètes, ainsi que le rang que doit occuper le soleil parmi les corps célestes, ne sont que des conjectures plus ou moins vraisemblables, mais je devais donner ces explications pour éviter la confusion au sujet des places respectives que doivent occuper les corps célestes dont les puissances sont superposées.

Que les comètes fassent partie du système solaire ou non, elles ne peuvent pas former une nouvelle classe de corps célestes; elles doivent, ainsi que je l'ai déjà dit, être rangées parmi les planètes; comme aussi, que le soleil soit un astre de la même catégorie que les étoiles fixes, ou qu'il ne soit qu'un astre de deuxième classe, cela ne change rien à la manière dont agissent les forces des corps particuliers, ainsi que celles de l'ensemble de la matière. Seulement, si le soleil pouvait être classé parmi les étoiles fixes, il n'y aurait de connues que trois puissances superposées, tandis que si (comme toutes les apparences le font prévoir) le globe solaire ne doit figurer dans le firmament que comme un astre de deuxième classe, il y a quatre puissances superposées parmi les corps célestes connus des hommes. Mais, je le répète, cela ne change absolument rien à la loi de la gravitation universelle des corps.

Cette loi est : que tous les corps terrestres et célestes, grands et petits, possèdent plus ou moins (suivant leur organisation physique) une puissance centrifuge qui tend à leur faire occuper le plus de place possible dans l'espace, et l'ensemble de la matière tend constamment, par réaction, à diminuer ou comprimer le développement que tendent à prendre les corps particuliers.

INDICATION DES POSITIONS QU'OCCUPENT LES CORPS CÉLESTES
LES UNS PAR RAPPORT AUX AUTRES.

Les astres étant divisés en quatre classes, et les étoiles fixes étant considérées comme faisant partie de la première, il s'ensuit :

1° Que les satellites ou lunes des planètes sont appuyés sur les forces centrifuges ou expansives de leurs planètes supérieures.

2° Que les planètes supérieures, ainsi que tout ce qui fait partie de leur système (1), sont appuyées sur les forces centrifuges des soleils.

3° Que les forces centrifuges des soleils (semblables à celui qui occupe le centre du système planétaire dont la terre fait partie) sont appuyées sur les forces centrifuges des grandes étoiles fixes, qui sont elles-mêmes les véritables soleils.

4° Et enfin, que les forces centrifuges expansives et impulsives des grandes étoiles fixes sont appuyées les unes contre les autres.

Par ces explications, on comprend comment les grandes étoiles fixes forment la base fondamentale du grand édifice de la nature, qui, aux regards des hommes,

---

(1) Ce qui fait partie du système d'une planète, ou de n'importe quel corps céleste, c'est leur atmosphère, ainsi que leurs satellites, ceux qui en ont.

n'a ni fin, ni commencement, et dont le centre est partout.

De prime abord on trouvera peut-être extraordinaire que la force centrifuge des grandes étoiles fixes puisse tenir à d'aussi grandes distances des globes immenses, tels que le soleil et tout ce qui fait partie de son système, mais en pensant à ce qui se passe sur la terre, en réfléchissant aux effets de la poudre, de la vapeur, de l'électricité, etc., etc., on comprendra qu'il n'est pas étonnant que la force centrifuge d'un corps inflammable ayant un diamètre de plus de cent millions de lieues (1) soit de nature à tenir à l'écart des grands corps célestes, quand on voit qu'un peu d'eau en ébullition, ou l'inflammation de quelques grains de poudre, suffit pour faire éclater des corps solides et lancer des projectiles à de grandes distances par des vitesses extraordinaires, et surtout quand on considère la vitesse avec laquelle l'électricité franchit les distances.

Que notre soleil soit arc-bouté contre des étoiles qui lui sont supérieures, ou qu'il soit lui-même une étoile fixe arc-boutée contre des corps célestes de sa même nature, cela ne change absolument rien au sens de la gravitation des planètes par rapport au globe solaire,

---

(1) Il est analogiquement démontré par la science que le disque des grandes étoiles fixes peut avoir plus de cent millions de lieues de diamètre.

ni à celui des satellites ou lunes par rapport aux planètes.

Ainsi donc, sans s'inquiéter du nombre des étoiles fixes, ni de l'étendue d'espace qu'elles occupent, les hommes sont persuadés qu'il y en a assez autour du soleil pour tenir son système arc-bouté de toutes parts, et ils peuvent se rendre compte comment les corps particuliers tendent généralement à prendre le plus de développement possible dans l'espace par leur force centrifuge, et aussi comment l'ensemble de la matière, agissant par réaction, tend constamment à diminuer ou comprimer le développement que tendent à prendre dans l'espace les corps particuliers.

Les corps disséminés dans l'espace représentent une grande réunion dans un lieu quelconque, où chaque individu tend à se faire le plus de place possible par sa force centrifuge, et se trouve comprimé par la foule.

DISSERTATION SUR LES MOUVEMENTS DES CENTRES DE GRAVITÉ AUTOUR DE LEUR SUPÉRIEUR.

Les centres de gravité circulent autour de leur supérieur comme un seul corps en emportant avec eux tout ce qui fait partie de leur système, comme, par exemple, les planètes Saturne, Jupiter, la Terre, etc., etc. Toutes les planètes qui font partie du système solaire circulent autour du soleil en emportant avec elles leur satellite, celles qui en ont.

Dans le cas où, comme il est fort probable, il circulât autour des étoiles de première classe des quantités de systèmes semblables au système solaire dont la terre fait partie, ces grands centres de gravité de deuxième classe circuleraient autour de leur supérieur en emportant avec eux tout ce qui fait partie de leur système, et ils effectueraient des révolutions périodiques en plus ou moins de temps, selon leur distance de l'étoile fixe autour de laquelle ils graviteraient mutuellement.

Cela expliquerait pourquoi, à certaines époques, on a vu des étoiles apparaître et disparaître en quelque temps. Ces étoiles passagères pourraient être des centres de gravité de deuxième classe semblables à notre soleil, et qui circuleraient autour de la même étoile fixe.

En étant voisins à notre système solaire, et plus ou moins éloignés de l'étoile fixe que le soleil, il s'ensuivrait que ces centres de gravité pourraient être aperçus par les habitants de la terre lorsqu'ils croiseraient le système planétaire en circulant plus ou moins vite que le soleil autour du centre commun.

Tout cela sont des hypothèses plus ou moins probables dont on pourra se rendre compte par la suite des temps ; mais ce qui est bien positif, c'est que les centres de gravité circulent en masse comme un seul corps autour de leur supérieur, et que la vitesse de leur marche augmente dans les proportions de leur rapprochement du corps supérieur autour duquel ils gravitent.

Par la même raison que la vitesse de la marche des centres de gravité augmente dans les proportions de leur rapprochement du corps supérieur autour duquel ils gravitent, il s'ensuit naturellement que cette même vitesse diminue dans les proportions des distances auxquelles ces mêmes centres de gravité sont tenus par la force centrifuge du corps supérieur qui est leur point d'appui.

Je me suis rendu compte de cela en comparant les distances des planètes au soleil et les temps qu'elles emploient pour effectuer leurs révolutions périodiques autour de cet astre.

Par ces comparaisons j'ai reconnu que *le carré des distances des planètes au soleil occasionne le cube des temps de leurs révolutions périodiques autour de cet astre.*

En faisant les comparaisons des temps et des distances sur plusieurs planètes, j'ai trouvé des accords parfaits entre le carré des distances et le cube des temps ; en d'autres termes, j'ai reconnu que la racine carrée extraite de la distance supérieure d'une planète représente la racine cubique des temps également supérieurs.

Exemple.

La planète Neptune est 36 fois plus éloignée du soleil que la terre, et elle emploie 216 ans pour faire sa révolution de translation, d'occident en orient, autour du soleil, ce qui fait 216 fois le temps qu'emploie la terre pour accomplir cette même révolution.

En extrayant la racine carrée de 36 on trouve le nombre 6, et en extrayant la racine cubique de 216 on trouve également le nombre 6.

En renouvelant cette même opération sur la planète Saturne, qui est 13 fois plus éloignée du soleil que la planète Vénus, et emploie 48 fois le temps qu'emploie Vénus pour faire sa révolution, d'occident en orient, autour du soleil, on voit qu'en extrayant la racine carrée de 13 on trouve le nombre 3 et 7/10es, et en extrayant la racine cubique de 48 on trouve également le nombre de 3 et 7/10es.

En faisant cette même opération sur toutes les planètes qui font partie du système solaire on obtiendrait absolument ce même résultat, car la planète Jupiter emploie 11 fois 87 centièmes de fois plus de temps que la terre pour accomplir sa révolution périodique autour du soleil, et elle est 5 fois 14 centièmes de fois plus éloignée du soleil que le globe terrestre.

En extrayant la racine cubique de 11,87 on trouvera le nombre 2,27, et en extrayant la racine carrée de 5 et 14 on trouve également le nombre de 2,27.

Cette coïncidence qui a lieu sur toutes les planètes qui font partie du système solaire ne pouvant pas être l'effet du hasard, elle a nécessairement une cause, et cette cause vient de ce que, ainsi que je l'ai déjà dit, à mesure qu'une planète s'éloigne du soleil, la vitesse de sa marche autour de cet astre diminue dans la proportion de son éloignement.

A l'appui du ralentissement de vitesse d'une planète qui s'éloigne du soleil, il faut encore faire la part de ce que le cercle qu'elle parcourt autour de cet astre est autant de fois plus grand qu'elle en est de fois plus éloignée. Cette augmentation de grandeur de cercle occasionne une prolongation de parcours et nécessite une nouvelle prolongation de temps qu'il faut ajouter à celle occasionnée par le ralentissement de vitesse de la planète.

Cela explique pourquoi une seule multiplication de distance d'une planète au soleil suffit pour occasionner deux multiplications de temps, et cela indique parfaitement la cause pour laquelle *le carré des distances des planètes au soleil occasionne le cube des temps de leur révolution périodique autour de cet astre.*

Cette découverte peut être de quelque utilité aux astronomes ; car, en sachant que le carré des distances des planètes au soleil occasionne le cube des temps de leur révolution périodique autour de cet astre, on peut facilement calculer quelle est la distance d'une planète au soleil lorsqu'on sait seulement le temps qu'elle emploie pour en faire le tour, comme aussi lorsqu'on connaît seulement à quelle distance du soleil se trouve une planète on peut facilement calculer combien il lui faut de temps pour accomplir une de ses révolutions périodiques autour de cet astre.

Exemple.

Si, comme je le présume, il existe encore une planète dans le système solaire, située au delà de la planète Neptune, et que cette planète, inconnue jusqu'à ce jour, soit, comme je le crois, à une distance de 2,026,030,500 lieues du soleil, il s'ensuivrait que cette planète supposée emploierait 454 ans pour accomplir sa révolution périodique autour de cet astre.

Il en serait ainsi, parce qu'en étant à la distance indiquée plus haut, cette planète imaginaire, que j'ai appelée Janus (1), se trouverait 59 fois plus éloignée du

---

(1) La planète Janus est un corps céleste dont je soupçonne l'existence aux confins du système solaire, et je l'ai ainsi nommée à cause de la position qu'elle occuperait par rapport au soleil.

soleil que la terre, et elle emploierait 454 fois le temps qu'il faut au globe terrestre pour accomplir une de ces révolutions autour du soleil.

Je dis cela parce qu'en extrayant la racine carrée du nombre 59 on trouve le nombre de 7 7/10es, et en extrayant la racine cubique de 454 on trouve également le nombre de 7 et 7/10es.

Je n'offre que comme probabilité l'existence d'une planète située dans le système solaire, et beaucoup plus éloignée du soleil que la planète Neptune, laquelle planète n'aurait pas encore été découverte faute d'instruments assez puissants pour cela; et il est dans les choses possibles que cette planète se découvrira au moment où l'on s'y attendra le moins.

Je ne suis pas sûr de l'existence de cette planète dans le système solaire, mais ce que je donne pour certain, c'est que, d'après l'organisation des planètes, si, comme je le crois, il y en a encore une plus éloignée du soleil que la planète Neptune, il ne peut pas y en avoir deux.

Je base ce raisonnement sur des combinaisons que j'ai faites sur la masse du soleil comparée avec celle de la terre et d'autres planètes faisant partie du système solaire, et j'ai trouvé par des règles de proportion que la puissance solaire ne doit s'étendre, en moyenne, qu'à une distance de 2,026,030,500 lieues, et d'après cette étendue le système solaire ne peut contenir plus qu'une planète qui soit plus éloignée du soleil que la planète Neptune.

Je fonde cette opinion sur ce qu'il ne me semble pas naturel qu'il reste une aussi grande place dans le système solaire sans être occupée par une planète dont le grand éloignement de la terre l'aurait, jusqu'à ce jour, rendue invisible aux astronomes, faute de posséder des instruments assez puissants pour la découvrir.

Il est permis d'avoir cet espoir en voyant ce qui s'est passé à l'égard des planètes télescopiques situées entre les planètes Mars et Jupiter, car, en 1846, les astronomes ne connaissaient, entre les planètes Mars et Jupiter, que quatre astéroïdes, appelés Vesta, Junon, Cérès et Pallas.

En 1847 et en 1848, j'ai successivement publié deux brochures dont les dépôts des exemplaires voulus ont été faits et dans certains passages de ces deux opuscules je disais qu'entre les planètes Mars et Jupiter il devait y avoir une multitude de petites planètes télescopiques.

MM. Jules Renouard et Cie, libraires-éditeurs, de Paris, ainsi que M. Bachellier, de la même ville, ont exporté bon nombre d'exemplaires de ces deux brochures dans différentes parties du monde, et cela les a fait connaître.

Les astronomes de divers pays ont profité de l'avertissement que j'ai donné : ils ont braqué leurs instruments d'observation dans la direction du ciel que j'ai désignée, et, successivement, ils ont découvert une foule de petits astres situés entre les planètes Mars et Jupiter.

En voyant que mes indications ont contribué à l'agrandissement des connaissances du ciel, j'ai cru devoir continuer mes recherches sur l'astronomie, et, à cet effet, j'ai successivement, de 1848 à 1851, publié diverses brochures.

Mes affaires commerciales ne me permettant pas de

me livrer constamment et exclusivement aux études scientifiques, je cessai pendant quelque temps mes recherches sur les positions et les mouvements des corps célestes.

Néanmoins, ayant toujours conservé en imagination cette difficulté qu'offre le système d'attraction pour conserver les distances des corps célestes, et prévoyant que mes découvertes pouvaient être de quelque utilité, je pris sur mes moments de loisir le temps nécessaire pour faire des nouvelles études scientifiques, et, en 1855, je fis paraître une brochure intitulée : *Découverte de la véritable astronomie basée sur la loi commune aux mouvements des corps.*

A la 125° page de cette brochure j'annonçais une éclipse de soleil qui devait apparaître cinq ans après, c'est-à-dire en 1860.

D'après ma prédiction, cette éclipse devait être visible en France, et son milieu devait avoir lieu le 8 juillet 1860, à 1 heure 41 minutes 16 secondes du soir.

Ainsi qu'on peut encore s'en convaincre par les almanachs de l'année 1860, cette éclipse a eu parfaitement lieu à l'époque que j'avais indiquée, et cela a encore été pour moi un objet d'encouragement pour continuer mes études et en publier les résultats.

En 1867, j'ai publié une autre brochure intitulée : *Découverte de l'astronomie positive basée sur la loi commune aux mouvements des corps.*

Dans cette dernière brochure j'indiquais des moyens pour prédire plus facilement les éclipses qu'on ne l'avait fait jusqu'alors ; et, pour que l'on comprenne bien les avantages de ma méthode, je fis, par une opération qui figure dans cette brochure, la prédiction de trois éclipses qui auront lieu en 1964.

Afin qu'on n'ait pas aussi longtemps à attendre pour connaître la justesse de ma méthode, j'annonçais dans ce même ouvrage deux éclipses pour l'année 1870.

La première de ces deux éclipses devait être de lune, et son milieu devait avoir lieu le 12 juillet 1870, à 11 heures 20 minutes 13 secondes du soir ; l'autre devait être de soleil, et son milieu devait avoir lieu le 22 décembre de la même année, à 11 heures 24 minutes 13 secondes du matin.

Ces deux éclipses, que j'avais annoncées pour être visibles en France, sont positivement arrivées aux époques que j'avais prédites, et les almanachs de l'année 1870 peuvent encore en fournir la preuve.

Lorsque, en 1867, je fis paraître cette dernière brochure, j'eus quelques contradicteurs parmi les professeurs qui suivent l'ornière dans laquelle est engagée la science astronomique, et comme dans cet opuscule il n'était question que des choses qui se passent dans le ciel, il était impossible d'avoir des solutions positives au sujet de ce qui différait dans nos manières de voir.

Il n'en sera pas de même aujourd'hui à l'égard des

causes des flux et réflux des mers, attendu que ces causes peuvent matériellement se vérifier à la surface de la terre; et comme les marées dépendent des corps étrangers au globe terrestre, les connaissances des véritables causes des flux et reflux des mers peuvent matériellement démontrer jusqu'à l'évidence si les corps s'attirent, comme l'a avancé Newton, ou si, au contraire, ils se repoussent par leur force centrifuge, comme je le prétends.

DÉCOUVERTE

DE LA VÉRITABLE CAUSE

DES

FLUX & REFLUX

DES MERS

Basée sur la force centrifuge des corps, contradictoirement
au système d'attraction.

***

DISSERTATION SUR LES PARTICULARITÉS DES FLUX ET REFLUX
DES MERS.

Pour faire la démonstration des véritables causes des
flux et reflux des mers, je m'appuierai sur les faits
reconnus par la science; je ne changerai absolument que
les causes qu'on a attribuées à ces faits, parce que, jusqu'à
ces jours, les causes des marées n'ont pas été comprises.

Je dis que les véritables causes des flux et reflux des
mers sont restées inconnues jusqu'à ce jour parce que,
pour expliquer ces grands phénomènes de la nature
par l'attraction, on a imaginé une foule de combinaisons
très-ingénieuses, il est vrai, mais toutes plus impossi-
bles les unes que les autres.

Les flux et reflux des mers ayant lieu à la surface
de la terre, on peut matériellement en vérifier les causes;
et comme il y a deux sortes de marées qui ont lieu en

temps différents, cela prouve que les eaux des mers obéissent à deux corps étrangers au globe terrestre.

Pour se rendre compte de quels astres dépendent chaque marée, on a remarqué quels sont ceux qui, par leurs passages au-dessus des mers, concordent avec le temps que ces dernières emploient pour s'élever et s'abaisser des deux côtés de la terre à la fois.

Ces remarques ayant été minutieusement faites, on a reconnu que l'une des marées, la plus petite, dépend des passages des mers au méridien, parce que ces petits flux et reflux s'accomplissent deux fois en 24 heures.

On a également observé que les flux et reflux les mieux prononcés, ceux qui sont beaucoup plus forts et absorbent les autres, dépendent des passages des mers sous la lune, parce que ces marées s'accomplissent deux fois en 24 heures 50 minutes et 28 secondes, qui est la durée moyenne d'un jour lunaire.

Par ce fait, les marées les mieux prononcées, les flux et reflux des mers qui absorbent les autres, retardent en moyenne de 50 minutes et 28 secondes par jour, qui sont le retard moyen de la lune ; et l'intervalle entre deux pleines mers consécutives est de 12 heures 25 minutes et 14 secondes.

Ces coïncidences ont matériellement prouvé que les élévations et abaissements des mers dépendent de leur passage soit sous le soleil, soit sous la lune. Maintenant il s'agit de se rendre compte par quelle influence ces deux derniers astres produisent ces soulèvements et abaissements des eaux des deux côtés de la terre à la fois.

Pour bien faire comprendre quelles sont les influences que peuvent avoir sur les mers soit le soleil, soit la lune, il convient d'entrer dans quelques détails sur les particularités qui occasionnent les plus fortes marées.

On a reconnu que, généralement, lorsque la lune est en quadrature, les marées sont beaucoup moins fortes que lorsqu'elle est en syzygie ; mais une chose qui mérite d'être remarquée, c'est que la lune soit en conjonction (ce qui met le globe lunaire et le soleil du même côté de la terre), ou qu'elle soit en opposition, ce qui place les deux astres diamétralement opposés, les marées ne sont ni plus, ni moins grandes quand la lune est nouvelle que lorsqu'elle est au plein.

Les marées sont plus fortes quand la lune est en syzygie que lorsqu'elle est en quadrature parce que, dans le premier cas, les puissances solaires et lunaires agissent ensemble, et, dans le second, ces puissances se neutralisent l'une et l'autre.

Une chose qui est aussi bien digne d'attention, c'est qu'on a remarqué que les marées des solstices sont inégales ; on a observé que si la lune supposée pleine ou nouvelle passe aujourd'hui le plus près possible de notre zénith, son action sur nos mers, lorsqu'elle parviendra au méridien, sera aussi la plus puissante qu'il se pourra ; mais lorsqu'elle aura passé sous l'horizon et sera arrivée au méridien inférieur, la seconde marée qu'elle produira alors dans nos ports s'élèvera beaucoup moins que la première.

On s'est aperçu que la configuration des terrains fait varier de beaucoup les élévations et abaissements des eaux, comme aussi les différentes positions qu'occupent les ports de la même branche de mer sont cause que la haute mer de la même marée arrive plus tôt dans les uns que dans les autres.

On a observé que la haute mer arrive plus tôt à Bayonne qu'à La Rochelle, plus tôt à La Rochelle qu'à Brest, et à Brest plus tôt qu'à Dunkerque. Ces observations ont démontré que les marées avancent de l'équateur vers les pôles, et que la cause qui les produit a son siége entre les tropiques, puisqu'elle agit d'abord sur les eaux de la zone torride, pour se communiquer ensuite à celles qui sont dans les zones tempérées.

Je n'entrerai pas dans des plus grands détails, parce que les particularités des marées ne sont pas toutes nécessaires pour indiquer quelles sont les véritables influences qu'exercent sur les mers soit la lune, soit le soleil ; seulement, je ferai encore remarquer que plus une mer a de l'étendue, plus elle est susceptible d'avoir des flux et reflux, pourvu, toutefois, qu'elle se trouve située entre les tropiques.

D'après mon système, une mer qui n'a qu'une petite étendue ne peut pas avoir de flux et reflux, parce qu'elle n'a pas une sphéricité assez prononcée pour que l'aplanissement de cette sphéricité fasse remonter ses eaux vers les bords.

Pour qu'une petite mer puisse se ressentir des flux et reflux, quoique n'ayant pas une étendue suffisante pour cela, il faut que ce soit des golfes communiquant avec les océans, et que ces golfes ne soient pas trop éloignés de l'équateur.

Comme, par exemple, la mer Rouge, le golfe Persique, etc., etc., ces petites mers doivent se ressentir des flux et reflux de la mer des Indes.

Il sera facile de se rendre un compte exact de toutes les particularités des flux et reflux des mers en s'appuyant sur les véritables causes de ces phénomènes, lesquelles causes sont tout-à-fait l'opposé de l'attraction.

Avant de démontrer comment le soleil et la lune aplanissent d'une manière plus ou moins sensible les sphéricités des mers des deux côtés de la terre à la fois, il est nécessaire que je donne un aperçu sur la manière dont les attractionnaires ont cherché à expliquer les causes des marées.

Comme il leur paraissait matériellement impossible que la puissance attractive d'un corps puisse soulever les eaux des deux côtés de la terre à la fois, quand même l'attraction existerait, les Newtoniens ont imaginé que le centre de la terre étant plus attiré que les eaux diamétralement opposées, il s'ensuivait que le rayon des eaux s'élevait des deux côtés de la terre à la fois.

Cette imagination, ainsi que beaucoup d'autres pour faire concorder les causes avec les faits, sont très-ingénieuses et dignes d'hommes doués de rares talents, mais elles ne peuvent pas prévaloir contre un système qui concorde parfaitement avec toutes les particularités des flux et reflux des mers sans avoir recours à aucune puissance inexplicable.

Il n'en est pas ainsi par le système d'attraction, puisque rien n'indique pourquoi les eaux des océans ne sont pas plus attirées par le soleil et la lune réunis du même côté de la terre que lorsque ces deux astres sont diamétralement opposés l'un à l'autre.

Les observations ont prouvé que les marées sont plus grandes aux époques des syzygies de la lune que lorsqu'elle est en quadrature, mais on n'a constaté aucune différence entre les grandeurs des marées qui ont lieu quand la lune est nouvelle et celles qui arrivent quand la lune est au plein.

Cependant, ainsi que je l'ai déjà fait observer, dans

le premier cas, le soleil et la lune sont réunis du même côté de la terre, et, dans le second, ils se trouvent diamétralement opposés l'un à l'autre.

Le gros bon sens devrait suffire pour faire comprendre que si les soulèvements des eaux dépendaient de l'attraction du soleil et de la lune, ces soulèvements seraient bien plus considérables quand les deux astres les attireraient du même côté de la terre que lorsqu'ils agiraient chacun d'un côté diamétralement opposé.

Ce fait est déjà bien concluant pour démontrer que les soulèvements et abaissements alternatifs des eaux ne dépendent nullement de l'attraction, mais il en existe une foule d'autres bien plus concluants encore et qui peuvent matériellement se vérifier à la surface de la terre.

Avant de fournir ces diverses preuves, je vais indiquer quelles sont les causes primitives des flux et reflux des mers, et cela facilitera à comprendre l'erreur des Newtoniens.

Mes connaissances ne me permettront pas de détailler toutes les particularités des marées, mais en faisant connaître les bases fondamentales qui occasionnent ces phénomènes, les hommes compétents pourront, en s'appuyant sur ces principes, perfectionner cette œuvre qui ouvrira des voies nouvelles à la science et facilitera la navigation.

INDICATIONS DES CAUSES PRIMITIVES DES FLUX ET REFLUX
DES MERS.

La terre, comme tous les corps célestes, ayant une forme sphérique, les mers qui l'entourent, ainsi que l'océan atmosphérique du globe terrestre dans lequel la lune est plongée, ont cette même figure.

Le système terrestre, composé de la terre et de la lune, étant constamment poussé vers le soleil par l'ensemble de la matière, et retenu à distance par la force centrifuge du soleil, il s'ensuit que l'océan atmosphérique de la terre se trouve un peu aplani, et que cet aplanissement se communique à la sphéricité des mers des deux côtés de la terre à la fois.

Par ce fait, la terre et son atmosphère qui l'enveloppe se trouvant entre deux pressions, elle représente la coupe d'un chapeau qu'on appuierait sur une table, la pressant un peu d'une main, et faisant faire un mouvement de rotation au chapeau avec l'autre main.

Par cette expérience, la main représente la pression de l'ensemble de la matière, qui tend constamment à pousser la terre sur le soleil, et la table représente la force centrifuge du soleil qui résiste à cette pression.

Le mouvement de rotation qu'on fait faire au chapeau représente le mouvement de rotation du globe terrestre, et, par suite de ce mouvement, la sphéricité des mers se trouve un peu aplanie des deux côtés de la terre à la fois, lorsque ces mers passent sous le soleil, et du côté diamétralement opposé, tout comme la coupe du chapeau se trouve un peu aplanie des deux côtés à la fois par la main qui la presse et la table qui résiste à cette pression.

Cette expérience indique la cause des petites marées, de celles qui dépendent des passages des mers sous le soleil, ainsi que du côté de la terre diamétralement opposé.

Ces petits flux et reflux des mers ont lieu deux fois en 24 heures, et ils sont indépendants des marées occasionnées par la pression lunaire, laquelle pression est beaucoup plus forte que celle du soleil.

La pression lunaire sur la sphéricité des mers, des deux côtés de la terre à la fois, a lieu absolument comme celle du soleil. La terre se trouvant entre deux pressions, elle représente, comme à l'égard de la pression solaire, la coupe d'un chapeau qu'on appuierait sur une table, la pressant d'une main, et faisant faire un mouvement de rotation au chapeau avec l'autre main; mais avec la différence que, pour représenter la pression lunaire, il faudrait que la main presse beaucoup plus fort la coupe du chapeau que pour représenter la pression solaire, et voici pourquoi :

Le globe lunaire, faisant partie du système terrestre (par lequel il est emporté dans l'espace autour du soleil), pèse directement sur la terre qu'il tend à pousser, et la

résistance de l'ensemble de la matière fait que la sphéricité des mers se trouve aplanie des deux côtés de la
terre à la fois par le poids de la lune.

La pression solaire venant de beaucoup plus loin que
celle de la lune, elle n'agit que sur la sphéricité de l'océan
atmosphérique de la terre, elle aplanit un peu cette sphéricité, et cet aplanissement se communique un peu à la
sphéricité des mers, tandis que le globe lunaire, faisant
partie du système terrestre, il se trouve plongé dans l'o-
céan atmosphérique de la terre, il pèse directement sur
la sphéricité des mers, et il aplanit cette sphéricité, des
deux côtés de la terre à la fois, d'une manière bien plus
sensible que la pression du soleil.

On distingue facilement les influences du soleil et
de la lune sur la sphéricité des mers en voyant le temps
qu'emploient les eaux pour s'abaisser et s'élever alternativement; on voit que les flux et reflux des mers les mieux
prononcés, ceux qui absorbent les autres, s'accomplissent deux fois en 24 heures 50 minutes et 28 secondes,
qui est la durée moyenne d'un jour lunaire, et cela prouve
que ces marées dépendent du passage des mers sous la
lune, et du côté de la terre diamétralement opposé.

Par ce fait, on voit que les flux et reflux causés par
l'influence du soleil restent inaperçus et ne servent qu'à
augmenter ou diminuer la grandeur des marées occasionnées par les pressions de la lune.

DISSERTATION SUR LES COURANTS DES MONTAGNES LIQUIDES, QUI AURAIENT LIEU D'ORIENT EN OCCIDENT SANS INTERRUPTION SI LES MERS N'ÉTAIENT PAS BARRÉES PAR LES CONTINENTS D'AFRIQUE ET D'AMÉRIQUE.

Ayant démontré les principales causes des perturbations des mers, je vais indiquer ce qui fait varier le courant de ces perturbations, et occasionne des élévations et abaissements d'eaux beaucoup plus forts dans des pays que dans d'autres, suivant les positions et configurations des terrains.

Pour bien faire comprendre les véritables causes des flux et reflux, ainsi que celles des particularités des marées, je ferai remarquer que si la terre n'avait pas des aspérités qui s'élèvent au-dessus du niveau des mers, si elle n'avait pas des continents par lesquels les mers sont barrées, si, enfin, le globe terrestre était totalement plongé dans l'océan des eaux, comme il se trouve au milieu de son océan atmosphérique, les pressions lunaires et solaires feraient élever les eaux qui se trouveraient entre ces pressions, et cela établirait deux ellipsoïdes qui circuleraient sans interruption d'orient en occident autour de la terre.

Le grand axe d'eau formé par la pression solaire rencontrerait et croiserait celui formé par la pression de la lune, et comme ces deux ellipsoïdes ne rencontreraient pas des barrages contre lesquels ils se heurtent, il n'y aurait pas de ces élévations et abaissements d'eaux qui sont bien plus considérables vers certains bords que vers d'autres.

Il n'y aurait, je le répète, que deux axes d'eaux de différente hauteur, qui circuleraient moins vite l'un que l'autre, se rencontreraient et se croiseraient alternativement, comme le soleil rencontre et croise la lune par son déplacement occidental par rapport à la surface des mers.

Les deux petits mascarets formés par la pression solaire feraient le tour de la terre, d'orient en occident, en 24 heures, et ceux dépendants de la pression de la lune emploieraient pour effectuer cette même révolution 24 heures 50 minutes et 28 secondes, qui est la durée moyenne d'un jour lunaire.

Malgré les barrages sur les mers, les axes ou montagnes liquides dont je viens de parler circulent tous de même d'orient en occident, et parcourent la surface de la terre pendant les temps que j'ai indiqués ; mais ces parcours n'ont pas lieu sans interruption, car les mascarets formés par les pressions lunaire et solaire rencontrent des terrains qui leur barrent le passage, et occasionnent des flux et reflux, plus prononcés dans des pays que dans d'autres, et qui n'ont pas lieu de la même manière.

Il y a des terrains qui ne sont pas assez rapprochés de la zone torride où circulent les mascarets pour en interrompre et dénaturer la marche occidentale. Parmi ces terrains il s'en trouve qui ont des golfes dans lesquels les eaux des grandes mers peuvent être poussées, et ces golfes ont des flux et reflux prononcés, surtout quand leur embouchure est dirigée vers l'orient.

Il y a d'autres terrains situés dans la zone torride, où se trouve le passage des mascarets, mais qui n'ont pas assez d'étendue en latitude pour leur barrer le passage, car les uns sont couverts, et les autres sont contournés par ces montagnes liquides pendant leurs passages occidentaux.

Dans l'espace contenu entre le côté occidental de l'Amérique méridionale et le côté oriental de l'Afrique il n'y a pas de terrains assez rapprochés de l'équateur, ou qui aient assez d'étendue en latitude, pour entraver et dénaturer sérieusement les marches occidentales des montagnes liquides formées par les pressions lunaire et solaire. Il n'y a absolument sur toute la circonférence de la terre que les deux continents d'Afrique et d'Amérique qui aient assez d'étendue dans la zone torride pour barrer et dénaturer sérieusement la circulation occidentale des mascarets.

En observant attentivement comment les continents d'Afrique et d'Amérique entravent les circulations des montagnes liquides formées par les pressions lunaire et solaire, on se rend compte des véritables causes des flux et reflux, ainsi que des particularités des marées qui ont été observées dans les ports d'Europe.

En connaissant comment s'effectuent les flux et reflux des mers, et quelles sont les véritables causes de ces phénomènes, mes successeurs pourront, en s'appuyant sur mes principes, non-seulement approfondir les causes de toutes les particularités des marées, mais, de plus, ces principes leur serviront pour se rendre compte des causes des divers courants qui ont lieu sur les mers.

Lorsque les marins connaîtront non-seulement les divers courants qui ont lieu sur les mers, mais encore les causes pour lesquelles ces divers courants ont lieu, il est certain que ces connaissances leur offriront quelques avantages pour se garantir des dangers auxquels les exposent ces courants.

EXPLICATION DES CAUSES POUR LESQUELLES LES PETITES MERS INTÉRIEURES N'ONT PAS DE FLUX ET REFLUX, ET INDICATION DE L'INFLUENCE QUE PEUT AVOIR LA LUNE SUR LA MER ADRIATIQUE.

Avant de démontrer comment s'effectuent les marées par suite des barrages des mers, je vais indiquer pourquoi les petites mers intérieures, telles que la mer Méditerranée, la mer Noire, et autres, n'ont pas de flux et reflux.

Ces indications aideront à faire comprendre les véritables causes des marées, car on reconnaîtra qu'à l'égard de la mer Méditerranée surtout, il est matériellement impossible d'expliquer par l'attraction pourquoi cette dernière mer n'a pas de flux et reflux.

Je dis à l'égard de la mer Méditerranée surtout, parce que cette mer est assez rapprochée d'un tropique pour que ses eaux se ressentent de l'attraction de la lune (si cette puissance existait), surtout quand le globe lunaire se trouve dans ses plus grandes latitudes, ce qui le porte parfois à plus de 28 degrés et demi de l'équateur.

Dans le courant de l'année 1876, le nœud ascendant de la lune concourra avec l'équinoxe du printemps, et il s'ensuivra qu'aux époques de ses plus grandes latitudes la lune s'écartera de plus de 28 degrés et demi de l'équateur, ce qui la rapprochera de beaucoup du zénith de la mer Méditerranée, car dans beaucoup d'endroits elle n'en sera qu'à deux degrés de latitude.

Il est certain qu'en 1876 les eaux de la mer Méditerranée ne seront pas plus attirées par la lune que dans le courant des autres années, et cela par une raison bien naturelle: c'est que, dans aucun temps ni dans aucun cas, la lune n'attire jamais les eaux de n'importe quelle mer.

Les autres petites mers intérieures, telles que la mer Noire et la mer Caspienne, n'ont pas de flux et reflux, parce qu'elles n'ont pas assez d'étendue, et, aussi, parce qu'elles sont trop éloignées de l'équateur pour que les pressions lunaire et solaire puissent les atteindre.

Je crois que la mer Méditerranée se ressentirait un peu de la pression lunaire, et que ses eaux auraient des petits flux et reflux, si cette dernière mer n'avait pas d'issue, à son occident, par le détroit de Gibraltar, ainsi que des communications dans la mer Noire.

Ce qui me donne cette opinion, c'est d'avoir entendu dire qu'à certaines époques la mer Adriatique a des petites marées vers Venise.

Ces petits flux et reflux viendraient de ce qu'une fois la pression lunaire engagée sur l'embouchure de la mer Adriatique, cette pression, en portant sur les deux bords de cette dernière mer, refoulerait les eaux vers l'occident, où il n'y a pas d'issue, et lorsque la lune aurait contrepassé le golfe, les eaux se retireraient, n'étant plus sous l'influence de ladite pression.

Si, comme il me l'a été dit par des gens qui ont habité Venise, la mer Adriatique a parfois des petits flux et reflux, ces petites marées doivent avoir lieu de préférence lorsque la lune est dans ses plus grandes latitudes possibles, comme par exemple dans le courant de l'année 1876, où les écarts en latitude du globe lunaire s'étendront jusqu'à 28 degrés et demi de l'équateur.

On pourra facilement se rendre compte si la mer Adriatique a parfois des petites marées ou non en profitant des époques où, par ses grands écarts en latitude, la lune ne se trouve qu'à deux degrés du zénith de la mer Méditerranée, pendant une grande partie de son parcours longitudinal contre cette dernière mer, comme par exemple quand le globe lunaire croise le méridien d'Alexandrie et autres.

Pour faciliter cette vérification, je donne ci-joint les époques auxquelles le globe lunaire se trouvera dans ses plus grandes latitudes septentrionales dans le courant de l'année 1876, et ces époques sont prises au méridien de Paris.

Le 22 juin, à 1 heure, 57 minutes, 44 secondes du matin.
Le 19 juillet, à 9 heures, 40 m., 48 secondes du matin.
Le 15 août, à 5 heures, 23 m., 52 secondes du soir.
Le 12 septembre, à 1 heure, 6 m., 56 sec. du matin.
Le 9 octobre, à 8 heures, 50 m. du matin.
Le 5 novembre, à 4 heures, 33 m., 4 secondes du soir.
Le 3 décembre, à 0 heure, 16 m., 8 secondes du matin.

Le 30 décembre, à 7 heures, 59 m., 12 sec. du matin.

Avec ces connaissances on pourra non-seulement vé-rifier si la mer Adriatique a parfois des petits flux et reflux, mais de plus on pourra se rendre compte du peu d'influence qu'exerce la lune sur la mer Méditerranée lorsqu'elle parcourt le littoral de cette dernière mer à une distance en latitude de deux degrés seulement.

J'espère qu'on reconnaîtra que ce ne serait pas émettre une opinion trop hasardée en soutenant que si la lune possédait la dixième partie seulement de la puissance at-tractive que les Newtoniens lui ont supposée soit sur les eaux des océans, soit sur le centre de la terre (pour ex-pliquer les flux et reflux des mers des deux côtés de la terre à la fois), on reconnaîtra facilement, dis-je, que la dixième partie de cette puissance attractive attribuée à la lune serait beaucoup plus que suffisante pour soule-ver toutes les eaux de la mer Méditerranée et les faire circuler dans les terres d'Afrique.

On sera bien convaincu que ce fait aurait lieu, surtout en réfléchissant que pour parcourir longitudinalement le littoral de la mer Méditerranée, le globe lunaire em-ploie 2 heures, 45 minutes et 20 secondes, et que ce serait beaucoup plus que suffisant pour que le bassin méditerranéen soit mis à sec par la lune.

Ceci devant être bien compris, je vais maintenant in-diquer ce qui se passera sur les eaux de la mer Méditer-ranée pendant un des parcours du globe lunaire près du zénith de cette dernière mer.

Le 22 juin 1876, à 10 heures du matin, au méridien de Paris (1), la lune se trouvera à la même longitude que Jérusalem, située au bord oriental de la mer Méditerranée, et à deux degrés seulement de latitude méridionale, ce qui correspond au zénith du bord septentrional de la mer Rouge.

A partir de ce moment, le globe lunaire parcourra longitudinalement le littoral de la mer Méditerranée pendant 2 heures, 45 minutes et 20 secondes, et il s'ensuivra qu'à midi, 45 minutes et 20 secondes, le 22 juin 1876, la lune se trouvera au zénith du méridien qui passe sur le détroit de Gibraltar.

Pendant ce temps de 2 heures, 45 minutes et 20 secondes, la mer Méditerranée n'éprouvera aucune perturbation sensible par la pression lunaire, parce que ladite mer Méditerranée n'a pas assez d'étendue en latitude pour que ladite pression de la lune pénètre profondément dans ses eaux, comme elle pénètre dans les eaux des océans.

Dans ces circonstances, la mer Méditerranée imite un bassin plein d'eau cinq fois plus long que large, sur lequel on appuierait un objet beaucoup plus gros que la largeur de ce bassin, et qu'en même temps on pousserait

---

(1) Pour éviter les redites, je préviens que, chaque fois que je parlerai de l'heure ou des longitudes, ce sera toujours à partir du méridien de Paris.

longitudinalement l'objet appuyé dans le même sens que la lune circule au-dessus de la mer Méditerranée.

Pour bien imiter la flexibilité de la pression atmosphérique sur les eaux pendant le passage de la lune au-dessus de la mer Méditerranée, je supposerai que l'objet appuyé sur le bassin soit un globe flexible comme un ballon gonflé, ayant un diamètre de dix mètres, et que le bassin qui représenterait la mer Méditerranée n'ait que 5 mètres de largeur sur 40 de longueur.

J'admettrai aussi que le globe porterait davantage sur un bord du bassin que sur l'autre, tout comme la pression lunaire portera davantage sur le terrain d'Afrique que sur celui de la Turquie, le 22 juin 1876.

Par cette expérience on voit que l'eau qui serait dans le bassin serait peu ou pas du tout agitée pendant le passage du globe flexible, tout comme les eaux de la mer Méditerranée seront peu ou pas du tout agitées pendant le passage de la lune au-dessus de cette dernière mer.

Dans le cas où les eaux de la mer Méditerranée se ressentiraient un peu de la pression lunaire, ces perturbations ne pourraient s'apercevoir que sur la mer Adriatique, qui forme un golfe dans la mer Méditerranée, lequel golfe n'a pas d'issue à l'occident.

Voici comment s'effectuerait le petit flux et reflux qui aurait lieu dans la mer Adriatique le 22 juin 1876, dans le cas où, à cette dernière époque, la pression lunaire s'étendrait assez vers le nord pour couvrir entièrement en latitude la mer Méditerranée.

On a vu (page 55) que, le 22 juin 1876, à dix heures du matin, la lune se trouvera au-dessus, du côté oriental, de la mer Méditerranée. Une heure, 10 minutes et 16 secondes plus tard, ce qui portera à 11 heures, 10 minutes et 16 secondes du matin, le globe lunaire se trouvera à la même longitude de l'embouchure orientale de la mer Adriatique, vers le talon de la botte formée par le royaume d'Italie.

Dans cette circonstance, si, ainsi que je l'ai déjà dit, la pression lunaire s'étend suffisamment vers le nord pour couvrir entièrement en latitude la mer Méditerranée, les eaux de cette dernière mer seront un peu refoulées vers le golfe de Venise, qui n'a pas d'issue vers l'occident, et cela occasionnera un petit flux qui aura lieu de 10 heures à 11 heures, 50 minutes du matin, le 22 juin 1876. Ensuite, lorsque la lune aura dépassé le golfe de Venise et que sa pression cessera de se faire sentir sur la mer Adriatique, les eaux de cette dernière mer se retireront et il y aura un petit reflux qui s'effectura dans l'après-midi du 22 juin 1876.

On pourra renouveler cette vérification aux époques indiquées (page 53), époques auxquelles la lune se trouvera dans ses plus grandes latitudes septentrionales.

DISSERTATION SUR LES DIFFÉRENTES NATURES DES MARÉES.

Les flux et reflux des mers qui baignent les ports d'Europe n'ont pas lieu de la même manière que ceux des golfes qui communiquent avec le Grand Océan et la mer des Indes, tels que le golfe de Californie, le golfe d'Arabie, etc., etc.

Cette différence vient de ce que les golfes qui bordent le Grand Océan et la mer des Indes se trouvent directement sur les passages des mascarets ou montagnes liquides formés par les pressions lunaires, tandis que les ports d'Europe se trouvent situés de l'autre côté du continent d'Afrique; ils font face à l'occident.

Par ce fait, les eaux des mascarets ou montagnes liquides ne peuvent arriver vers les ports européens qu'après avoir contourné le continent d'Afrique, contre lequel ils se heurtent après s'être heurtés de nouveau contre le continent d'Amérique, et être ensuite retournés du côté oriental de l'Océan Atlantique, où se trouvent les ports d'Europe.

Cela est cause qu'après la haute mer dans les golfes Persique et d'Arabie les marées restent beaucoup plus de temps pour arriver vers les ports d'Europe qu'elles ne devraient rester d'après le peu de distance en longitude occidentale qui sépare lesdits ports d'Europe d'avec les golfes Persique et d'Arabie ; et voici comment cela se fait :

Après avoir contourné le continent d'Afrique et être entrés dans l'Océan Atlantique, les mascarets ou montagnes liquides, formés par les pressions lunaires, rencontrent de nouveau le continent d'Amérique, qui divise leurs eaux en deux parties, dont l'une circule vers le midi en contournant l'Amérique méridionale, et l'autre vers le golfe du Mexique, situé entre les deux Amériques.

Les eaux qui sont poussées dans le golfe du Mexique ne trouvant pas d'issue pour continuer leur marche occidentale, elles font le tour dudit golfe, et elles retournent ensuite vers les ports d'Europe, en circulant d'occident en orient, le long de l'Amérique septentrionale, où il doit exister un courant bien prononcé.

Les positions qu'occupent les ports européens, du côté oriental de l'Océan Atlantique, est encore cause que la haute mer ou le flux tarde davantage d'avoir lieu dans des ports d'Europe que dans d'autres ; mais ces causes de retard étant constantes, leur effet l'est aussi ; le retard éprouvé dans chaque port d'Europe sur le passage de la lune au méridien de ces ports est toujours le même dans un même lieu ; et c'est ce qu'on appelle l'*établissement des ports*.

Les marées des mers qui baignent les ports d'Europe se distinguent encore par une marche à triple sens, du midi au nord, de l'est à l'ouest, et de l'ouest à l'est.

La haute mer arrive plus tôt à Bayonne qu'à La Rochelle, plus tôt à La Rochelle qu'à Brest, et plus tôt à Brest qu'à Dunkerque ; mais elle arrive également beaucoup plus tôt à Brest qu'à Saint-Malo, et plus tôt à Saint-Malo qu'à Dieppe.

Les différences des temps qui existent dans l'arrivage des marées entre ces trois derniers ports sont trop considérables, d'après leur peu de distance les uns des autres, pour qu'à l'appui des configurations des terrains il n'y ait pas une autre cause provenant de la marche des marées ; et voici quelle doit être cette cause :

Pendant que les eaux sont resserrées entre les deux Amériques, en sortant du golfe du Mexique, le courant qui a lieu d'occident en orient, en longeant l'Amérique septentrionale, ce courant, ainsi que je l'ai déjà dit, doit être très-fort, mais il se ralentit lorsque les eaux ont dépassé l'île de Terre-Neuve, et qu'elles se répandent au nord de l'Océan Atlantique.

Malgré ce ralentissement, les eaux ne continuent pas moins à avancer d'occident en orient, en se dirigeant vers les ports d'Europe, mais elles avancent très-lentement de l'ouest à l'est quand elles atteignent le côté oriental de l'Océan Atlantique, où se trouvent les ports européens.

Cela doit dépendre de ce que l'impulsion que ces eaux ont reçue pour être lancées en même temps du midi au nord et de l'ouest à l'est de l'Océan Atlantique, cette impulsion doit toucher à sa fin quand ces eaux arrivent vers les ports d'Europe.

Je dis que cette impulsion doit toucher à sa fin parce que, dans cette circonstance, les eaux qui ont été poussées d'occident en orient se trouvent à 90 degrés de longitude est de la pression lunaire qui se trouve dans le golfe du Mexique, et cesse d'agir sur les eaux qui se trouvent en sens opposé à sa marche occidentale.

Quoi qu'il en soit de cette conjecture qui paraît très-probable, *j'affirme* que dans les ports européens les hautes et basses mers ne s'effectuent pas de la même manière que les marées qui ont lieu dans les mers qui communiquent avec le grand Océan et la mer des Indes, et il serait impossible d'expliquer ces différences par l'attraction.

Car, en effet, comment pourrait-on par l'attraction de la lune sur les mers expliquer une impulsion à triple sens, allant d'orient en occident, du midi au nord et d'occident en orient?

On conviendra, je l'espère, que si l'attraction n'était pas déjà reconnue tout-à-fait impossible, ce seul fait serait plus que suffisant pour prouver qu'elle n'a jamais existé.

Pour bien faire comprendre et toucher du doigt, à la surface de la terre, comment ont lieu les marées et quelles sont les véritables causes de ces phénomènes, je vais annoncer les époques postérieures auxquelles les flux ou hautes mers arriveront dans telles ou telles autres mers, en indiquant matériellement sur la terre les pays qui seront croisés, à époques fixes, par les influences qui occasionnent lesdits flux ou hautes mers.

Par ces diverses indications on verra les différences qui existent entre l'arrivage de la haute mer vers le côté occidental de l'Océan Atlantique septentrional, où se trouvent les ports d'Europe, et celui des flux qui ont lieu dans les mers qui communiquent avec le grand Océan Pacifique et la mer des Indes.

CLASSIFICATION DES POSITIONS QU'OCCUPERONT SUR LA TERRE, A UN MOMENT DONNÉ, LES DEUX PRESSIONS LUNAIRES, AINSI QUE LES DEUX MASCARETS OU MONTAGNES LIQUIDES FORMÉS PAR LESDITES PRESSIONS.

Pour avoir des mascarets ou montagnes liquides prononcés, je choisis une époque à laquelle le soleil et la lune seront à la même longitude et très-rapprochés de l'équateur, parce que, dans ces circonstances, les pressions lunaires et solaires réunies se font mieux sentir sur la sphéricité des mers que lorsque la lune agit séparément, et qu'elle se trouve en latitude.

Le 14 septembre prochain de 1871, le soleil et la lune se trouveront tous deux très-rapprochés de l'équateur, car ni l'un ni l'autre n'en seront pas éloignés de deux degrés seulement ; et comme le 14 septembre prochain la lune sera en conjonction envers le soleil, les pressions des deux astres seront réunies, elles se feront bien sentir sur la sphéricité des mers, et les deux mascarets ou montagnes liquides qu'elles feront surgir seront d'une élévation prononcée.

Ainsi donc, le 14 septembre prochain de 1871, à 2 heures, 20 minutes du soir, la lune croisera le méridien qui passe sur le côté oriental de l'Amérique méridionale, à 37 degrés de longitude ouest.

Dans ce même moment, la pression lunaire située du côté de la terre diamétralement opposé à la lune, correspondra avec le méridien qui passe sur l'Australie et la Nouvelle-Guinée, à 143 degrés de longitude est.

Dans cette circonstance, et toujours pendant ce même moment, les deux mascarets formés par les pressions lunaires se trouveront également diamétralement opposés l'un à l'autre : celui qui précède la lune dans son déplacement occidental par rapport à la surface des mers se trouvera sous le méridien qui passe à Saint-Francisco, à 127 degrés de longitude ouest ; et celui qui précède le déplacement occidental de la pression lunaire, diamétralement opposé à la lune, correspondra avec le méridien qui passe sur l'embouchure du golfe Persique, à 53 degrés de longitude est.

Ces quatre points étant établis, je ferai remarquer que le déplacement occidental de la lune, ainsi que celui de la pression lunaire diamétralement opposé, je ferai remarquer, dis-je, que ce déplacement occidental, par rapport à la surface des mers, s'effectue par une vitesse moyenne de 14 degrés, 49 centièmes de degrés par heure.

Je ferai également observer que les deux mascarets interposés entre les deux pressions lunaires se déplacent aussi d'orient en occident par la même vitesse de celle citée plus haut, et que les sommets de ces deux montagnes liquides conserveraient toujours leur même distance des pressions si leur marche occidentale n'était pas entravée et dénaturée par les continents d'Afrique et d'Amérique.

Je ferai remarquer aussi que, malgré que la marche occidentale des mascarets soit entravée et dénaturée pendant leur passage sur les continents d'Afrique et d'Amérique, entre lesquels se trouve l'Océan Atlantique, je ferai remarquer, dis-je, que les sommets de ces montagnes liquides reprennent leur distance entre les deux pressions lorsqu'ils ont franchi les obstacles dont il vient d'être parlé.

Les mascarets ou montagnes liquides qui occupent les distances qui existent entre les deux pressions lunaires, ces mascarets, dis-je, parcourent sans interruptions sérieuses le Grand Océan et la Mer des Indes depuis le côté occidental de l'Amérique jusqu'au côté oriental d'Afrique, contre lequel ils se heurtent alternativement.

Les positions qu'occuperont les deux pressions lunaires, ainsi que les deux mascarets, le 14 septembre prochain, à 2 heures, 20 minutes du soir, étant connues, ainsi que la vitesse de leurs mouvements, je vais indiquer quels seront les déplacements de ces mascarets à partir de ladite époque, 14 septembre prochain, à 2 heures, 20 minutes du soir.

Pour éviter la confusion, j'expliquerai ces déplacement séparément, en commençant par celui du mascaret ou montagne liquide qui précède le déplacement occidental de la lune par rapport à la surface des mers.

INDICATION DES DÉPLACEMENTS QU'EFFECTUERONT LES DEUX
MASCARETS OU MONTAGNES LIQUIDES A PARTIR DU 14 SEP-
TEMBRE PROCHAIN 1871, A 2 HEURES ET 20 MINUTES DU SOIR.

Ainsi que je l'ai indiqué (page 65), le mascaret qui précède le déplacement occidental de la lune se trouvera, le 14 septembre prochain, à 2 heures, 20 minutes du soir, vers le méridien qui passe à Saint-Francisco, à 127 degrés de longitude ouest.

A partir de ce moment, cette montagne liquide parcourra d'orient en occident le grand Océan Pacifique en 5 heures, 44 minutes, et elle arrivera vers l'Australie et la Nouvelle-Guinée à 8 heures, 4 minutes du soir.

Elle croisera ensuite toutes les îles situées entre l'Australie et l'Asie en 3 heures, 38 minutes, et elle arrivera vers le méridien qui passe sur le golfe de Siam et l'île Sumatra à 11 heures, 42 minutes du soir.

A partir de 11 heures, 42 minutes du soir, cette montagne liquide parcourra la mer des Indes en 3 heures, 3 minutes, 14 secondes, et le 15 septembre, à 2 heures, 45 minutes, 14 secondes du matin, ce mascaret arrivera vers le méridien qui passe sur l'embouchure du golfe Persique, à 53 degrés de longitude est.

Par ce fait il s'ensuivra qu'il y aura haute mer aux mêmes instants et dans tous les endroits où se trouvera le sommet de cette montagne liquide pendant ce parcours qui contient la moitié de la circonférence de la terre, et il s'ensuivra également qu'après avoir effectué ce déplacement longitudinal en 12 heures, 25 minutes et 14 secondes, le mascaret qui précède le déplacement occidental de la lune sera venu occuper la place qu'occupait, 12 heures, 25 minutes, 14 secondes avant, le sommet de la montagne liquide diamétralement opposé, et qui précède le déplacement de la pression lunaire opposée à la lune.

Pendant que le mascaret qui précède le déplacement occidental de la lune parcourra longitudinalement, ainsi que je viens de l'expliquer, le grand Océan Pacifique et la Mer des Indes, l'autre mascaret diamétralement opposé parcourra aussi l'autre moitié de la circonférence du globe terrestre en 12 heures, 25 minutes et 14 secondes ; mais pendant le parcours de cette dernière demi-circonférence de la terre, la haute mer n'aura pas lieu pendant tout le parcours aux endroits où se trouvera le sommet de la montagne liquide, à 90 degrés de distance de la lune.

Il en sera ainsi parce que la marche occidentale du mascaret qui parcourra cette dernière demi-circonférence du globe terrestre sera entravée et dénaturée pendant son passage sur les continents d'Afrique et d'Amérique, entre lesquels se trouve l'Océan Atlantique ; et voici comment s'effectuera cette marche.

Ainsi que je l'ai indiqué (page 65), le mascaret qui précède le déplacement occidental de la pression lunaire diamétralement opposée à la lune se trouvera, le 14 septembre prochain, à 2 heures, 20 minutes du soir, vers le méridien qui passe sur l'embouchure du golfe Persique, à 53 degrés de longitude est.

A partir de ce moment, une partie des eaux de cette montagne liquide pénétrera dans les golfes Persique et d'Arabie, et, faute d'issue vers l'occident, la majeure partie de ces eaux contournera le continent d'Afrique en circulant par le canal de Mozambique, situé entre l'Afrique et l'île Madagascar.

Après s'être heurtées et avoir contourné le continent d'Afrique, ces eaux circuleront dans l'Océan Atlantique, où elles rencontreront, de nouveau, l'Amérique, qui les divisera en deux parties, le 14 septembre prochain, à 7 heures, 43 minutes du soir.

Une partie des eaux de ce mascaret circulera vers le midi en longeant l'Amérique méridionale, et l'autre partie circulera vers le golfe du Mexique, situé entre les deux Amériques.

Les eaux qui seront poussées dans le golfe du Mexique en longeant le côté nord de l'Amérique méridionale ne trouveront pas d'issue pour continuer leur marche occidentale; elles feront le tour dudit golfe du Mexique et elles retourneront ensuite vers les ports d'Europe en circulant d'occident en orient.

Le retour de ces eaux de l'ouest à l'est s'effectuera rapidement en sortant du golfe du Mexique et en circulant le long de l'Amérique septentrionale ; mais lorsqu'elles auront dépassé l'île de Terre-Neuve elles ralentiront leur marche orientale en s'étendant vers le nord et en continuant de s'approcher des ports européens.

Ainsi que je viens de le démontrer, les eaux serpentent dans l'Océan Atlantique en circulant alternativement, de l'est à l'ouest et de l'ouest à l'est, ves les ports d'Europe, et la marche orientale de ces eaux se ralentit beaucoup lorsqu'elles approchent du côté oriental de l'Océan Atlantique, où se trouvent les ports européens.

J'ai fait connaître mon opinion (pages 60 et 61) au sujet de cette particularité, mais quelle qu'en soit la cause, il est certain que les eaux avancent bien lentement d'occident en orient lorsqu'elles arrivent vers les ports d'Europe, et on est bien convaincu de cela en voyant les temps énormes que la même marée emploie pour aller du port de Brest à celui de Saint-Malo et du port de Saint-Malo à celui de Dieppe.

Voici les époques auxquelles auront lieu les hautes mers dans les trois ports cités plus haut, pendant le passage du mascaret qui aura contourné l'Afrique et sera entré dans l'Océan Atlantique dans l'après-midi du 14 septembre prochain.

Dans le port de Brest, la haute mer aura lieu le 15 septembre, à 3 heures, 42 minutes du matin ; dans celui de Saint-Malo, le même jour, à 5 heures, 50 minutes également du matin ; et dans le port de Dieppe, qui n'est pas beaucoup plus à l'orient que les deux autres, la haute mer y arrivera aussi le 15 septembre, mais à 10 heures et 20 minutes du matin.

Pendant que les eaux serpenteront dans l'Océan Atlantique, en allant d'orient en occident, et ensuite d'occident en orient, vers les ports d'Europe, pour n'arriver dans celui de Dieppe que le 15 septembre, à 10 heures, 20 minutes du matin, le mascaret qui précède le déplacement occidental de la pression lunaire diamétralement opposé à la lune, et qui se sera heurté contre le continent d'Afrique, le 14 septembre, à 2 heures, 20 minutes du soir, ce mascaret, dis-je, reprendra sa position respective après avoir franchi les obstacles qui entravaient sa marche occidentale. Il circulera dans le Grand Océan et il s'ensuivra que, le 15 septembre, à 2 heures, 1 minute et 14 secondes du matin, le sommet de cette montagne liquide croisera le méridien qui passe sur le côté occidental du golfe de Californie, et à cet instant ce dernier golfe aura la haute mer.

44 minutes après, c'est-à-dire le 15 septembre, à 2 heures, 45 minutes, 14 secondes du matin, ce même mascaret qui précède le déplacement de la pression lunaire opposée à la lune, se trouvera vers le méridien qui passe à Saint-Francisco, à 127 degrés de longitude ouest, et il occupera la place qu'occupait le mascaret opposé, 12 heures, 25 minutes, 14 secondes avant.

Par les divers faits que je viens de citer il résultera que, le 15 septembre prochain, à 2 heures, 45 minutes, 14 secondes du matin, les sommets des deux montagnes liquides opposées l'une à l'autre auront réciproquement pris les places l'un de l'autre, après avoir parcouru chacun la moitié de la circonférence de la terre en 12 heures, 25 minutes et 14 secondes, qui compose la durée moyenne de la moitié d'un jour lunaire.

En renouvelant la même opération pendant le même temps, il s'ensuivra que les deux mascarets opposés l'un à l'autre achèveront leur parcours sur toute la circonférence de la terre; et le 15 septembre prochain, à 3 heures, 10 minutes et 28 secondes du soir, ils se retrouveront tous les deux où ils seront au moment de leur point de départ, le 14 septembre prochain, à 2 heures, 20 minutes du soir.

Dans la seconde moitié du jour lunaire, le mascaret qui précède le déplacement occidental de la lune parcourra la demi-circonférence de la terre dans laquelle se trouvent les deux continents d'Afrique et d'Amérique, et celui qui précède le déplacement de la pression lunaire, diamétralement opposée à la lune, parcourra la demi-circonférence terrestre opposée, où se trouvent le Grand Océan et la Mer des Indes.

Ainsi de suite, toutes les 12 heures, 25 minutes et 14 secondes, les deux mascarets interposés entre les deux pressions lunaires se croisent mutuellement et prennent réciproquement la place l'un de l'autre dans les mers libres, où leur marche occidentale n'est pas entravée par les continents d'Afrique et d'Amérique.

Si on doute de la véracité de ce que j'avance au sujet de la marche des mascarets ou montagnes liquides qui occasionnent les flux ou hautes mers, on pourra facilement et matériellement s'en rendre compte à la surface de la terre.

Pour cela, il suffira d'observer les époques auxquelles auront lieu les hautes mers pendant le parcours d'un seul mascaret autour du globe terrestre pendant la durée d'un jour lunaire, et par ce moyen on évitera la confusion que pourrait occasionner le mascaret diamétralement opposé.

Pour faciliter et engager à faire ces observations, je vais indiquer sommairement les époques et les pays où il y aura haute mer d'un côté de la terre seulement pendant le déplacement occidental de la lune, à partir du 14 septembre prochain, à 2 heures, 20 minutes du soir, jusqu'au lendemain 15 septembre, à 3 heures, 10 minutes et 28 secondes, également du soir.

On verra que, pendant ce laps de temps de 24 heures, 50 minutes et 28 secondes (qui compose la durée d'un jour lunaire), la lune aura, par son déplacement occidental, parcouru toute la circonférence de la terre, et les eaux de la montagne liquide, qui précède le globe lunaire dans ce dernier déplacement, n'auront pas encore atteint le côté oriental de l'Océan Atlantique, où se trouvent les ports d'Europe.

INDICATION DU PARCOURS OCCIDENTAL D'UN SEUL MASCARET
PENDANT 24 HEURES, 50 MINUTES ET 28 SECONDES, QUI EST
LA DURÉE MOYENNE D'UN JOUR LUNAIRE.

Ainsi que je l'ai indiqué (pages 63 et 64), le 14 septembre prochain, à 2 heures, 20 minutes du soir, la lune se trouvera vers le méridien qui passe sur le côté oriental de l'Amérique méridionale, à 37 degrés de longitude ouest.

Au même instant, le mascaret qui précède le déplacement occidental du globe lunaire se trouvera vers le méridien qui passe à Saint-Francisco, à 127 degrés de longitude ouest. A partir de ce moment, le sommet de cette montagne liquide parcourra occidentalement, et sans interruption, le grand Océan et la Mer des Indes, et il y aura haute mer dans tous les endroits où se trouvera ce mascaret pendant le parcours, et au moment même.

D'après leur position respective dans le grand Océan et la Mer des Indes, il y aura haute mer vers l'Australie et la Nouvelle-Guinée, le 14 septembre, à 8 heures, 4 minutes du soir ; dans le golfe de Siam et vers l'île Sumatra, le même jour, à 11 heures, 42 minutes, également du soir ; dans le golfe Persique, le 15 septembre, à 3 heures, 23 minutes, 14 secondes du matin, et dans le golfe d'Arabie, le même jour, à 4 heures, 22 minutes, également du matin.

A partir du 15 septembre, à 3 heures, 40 minutes du matin, les eaux du même mascaret qui précède le déplacement occidental de la lune contourneront le continent d'Afrique ; elles circuleront d'orient en occident dans l'Océan Atlantique, et, ensuite, après avoir rencontré l'Amérique méridionale, qui les divisera en deux parties, à 8 heures, 8 minutes du matin, ainsi qu'après être entrées dans le golfe du Mexique, ces eaux retourneront vers l'orient, faute d'issue pour continuer leur marche occidenlale.

Pendant que les eaux mutilées de la montagne liquide qui précède le déplacement occidental de la lune serpenteront dans l'Océan Atlantique, comme je viens de l'expliquer, en circulant d'orient en occident, et, ensuite, d'occident en orient vers les ports d'Europe, pour n'arriver vers celui de Dieppe que le 15 septembre, à 10 heures, 47 minutes du soir, la lune continuera sa marche occidentale sans aucune interruption, et, par la même raison, la partie d'eau de la montagne liquide, qui, à la suite de la division, contournera l'Amérique méridionale, fera de même.

Par ce fait, il s'ensuivra que le sommet de la montagne liquide qui précède le déplacement occidental de la lune conservera sa distance occidentale du globe lunaire, en circulant d'orient en occident dans le Grand Océan.

Cette distance occidentale entre la lune et le sommet

de la montagne liquide, qui précède son déplacement, étant constamment de 90 degrés, il en résultera que, le 15 septembre prochain, à 2 heures, 29 minutes et 14 secondes du soir, le mascaret qui précède le déplacement occidental de la lune, par rapport à la surface des mers, croisera le méridien qui passe sur le côté occidental du golfe de Californie, et, à cet instant, ce dernier golfe aura la haute mer.

Il en sera ainsi, parce qu'à l'heure, minute et secondes citées plus haut, la lune aura traversé l'Afrique ; elle se trouvera vers le méridien qui passe au Cap Vert, à 27 degrés de longitude ouest, bien au milieu de l'Océan Atlantique, sur lequel elle pèsera de tout son poids, et en aplanira la sphéricité.

41 minutes plus tard, c'est-à-dire le 15 septembre prochain, à 3 heures, 10 minutes et 14 secondes du soir, le globe lunaire se retrouvera sur le méridien qui passe sur le côté oriental de l'Amérique méridionale, à 37 degrés de longitude ouest, et le sommet de la montagne liquide qui précède son déplacement occidental se retrouvera vers le méridien qui passe à Saint-Francisco, à 127 degrés de longitude ouest.

Dans ce moment, la lune, ainsi que le mascaret qui précède son déplacement, auront l'un et l'autre parcouru occidentalement toute la circonférence de la terre, et ils se retrouveront aux mêmes endroits qui auront marqué leur point de départ, le 14 septembre, à 2 heures, 20 minutes du soir.

Il n'en sera pas ainsi de la partie d'eau qui, au moment de la division, aura été poussée dans le golfe du Mexique; ces eaux n'auront pas encore atteint le côté oriental de l'Océan Atlantique, où se trouvent les ports d'Europe, quand la lune aura achevé sa révolution occidentale, et quand les eaux qui faisaient partie du même mascaret avant la division se trouveront vers le méridien qui passe à Saint-Francisco, 125 degrés plus à l'occident que le port de Dieppe.

Cela vient naturellement de ce que les eaux qui circuleront dans le grand Océan, en passant au sud de l'Amérique méridionale, seront constamment poussées occidentalement par la pression lunaire, et que le sommet de cette montagne liquide conservera toujours sa distance de 90 degrés longitudinale par rapport à la lune.

Quant aux eaux qui circuleront vers le golfe du Mexique, en longeant le nord de la même Amérique, ces eaux subiront l'influence de la marche de la pression lunaire, qui les poussera d'orient en occident dans le golfe du Mexique, et ensuite d'occident en orient, faute d'issue pour continuer leur marche occidentale; mais cette impulsion ne pourra pas durer éternellement en allant du côté opposé où va la lune, et c'est pour cela que j'ai dit (pages 60 et 61) que cette impulsion devait toucher à sa fin quand ces eaux approchent des ports d'Europe.

Voici les époques auxquelles auront lieu les hautes mers dans les ports de Brest, de Saint-Malo et Dieppe, par suite de l'arrivage des eaux qui auront été poussées dans le golfe du Mexique après avoir été divisées par l'Amérique méridionale, le 15 septembre prochain, à 8 heures, 8 minutes du matin.

Dans le port de Brest, la haute mer aura lieu le 15 septembre prochain, à 4 heures, 7 minutes du soir; dans celui de Saint-Malo, le même jour, à 6 heures, 25 minutes, également du soir ; et dans le port de Dieppe, la haute mer y arrivera aussi le 15 septembre prochain, mais à dix heures, 47 minutes du soir.

DISSERTATION AU SUJET DES DEUX PRESSIONS SOLAIRES.

Les deux pressions solaires sont indépendantes, et elles sont si peu sensibles sur la sphéricité des mers, qu'elles sont absorbées par les deux pressions lunaires.

On a une preuve de ce fait en voyant que les hautes et basses mers coïncident toujours avec la grandeur des jours lunaires, et que les deux petits mascarets ou montagnes liquides, formés par les deux pressions solaires, restent inaperçus et ne marquent leur passage sur les mers qu'en faisant augmenter ou diminuer la grandeur des marées occasionnées par les pressions de la lune.

Pour bien faire comprendre ceci, je ferai remarquer que si les pressions lunaires cessaient d'avoir lieu, les pressions solaires s'apercevraient sur les mers qui auraient des marées comme elles en ont par les pressions de la lune ; mais ces flux et reflux seraient beaucoup moins forts, et, au lieu d'ariver toutes les 12 heures, 25 minutes et 14 secondes (qui composent la durée de la moitié d'un jour lunaire), les hautes mers auraient lieu toutes les 12 heures, qui composent la moitié d'un jour solaire.

Les deux petits mascarets formés par les deux pressions solaires sont totalement indépendants des deux mascarets ou montagnes liquides formés par les deux pressions de la lune ; et comme les mascarets solaires se déplacent occidentalement par rapport aux mascarets lunaires, ils les rencontrent et croisent alternativement, comme le soleil rencontre et croise la lune par son déplacement occidental par rapport à la surface des mers.

Lorsque la lune est en quadrature, les deux pressions solaires pèsent directement sur les deux sommets des montagnes liquides, formées par les pressions lunaires ; elles en diminuent les hauteurs, mais les marées lunaires s'aperçoivent encore, quoique moins grandes qu'aux époques des syzygies de la lune.

Ce fait est positif, puisqu'entre deux hautes mers consécutives il s'écoule toujours 12 heures, 25 minutes, 14 secondes, qui composent la moitié d'un jour lunaire; et cela démontre jusqu'à l'évidence que les deux pressions solaires sur la sphéricité des mers sont absorbées par les deux pressions lunaires.

Par leurs séparations et leurs rencontres alternatives avec les montagnes liquides, formées par les deux pressions de la lune, celles dépendantes des deux pressions du soleil en augmentent et diminuent alternativement les volumes par deux moyens différents, qui sont :

1° Aux époques des syzygies, les quatre montagnes liquides étant réunies, elles n'en forment plus que deux, qui, par conséquent, sont plus volumineuses.

2° Aux époques des quadratures, non-seulement ces deux volumes d'eau, étant divisés en quatre, sont moins considérables qu'aux époques des syzygies, mais, de plus, dans les quadratures les pressions solaires pesant directement sur les sommets des deux montagnes liquides, formées par les deux pressions de la lune, les pressions solaires, dis-je, tendent à diminuer la hauteur des mascarets lunaires.

Par toutes ces considérations, il est facile à reconnaître que les deux pressions solaires sont indépendantes, et qu'elles sont très-minimes comparativement aux deux pressions lunaires.

INDICATION D'UN FAIT INCONNU JUSQU'A CE JOUR ET PRODUIT
PAR UNE CHOSE QUE J'AI APPELÉE LE DIVISEUR DES EAUX.

Parmi les divers faits qui ont plus ou moins d'influence sur les marées il en existe un qui contribue beaucoup à augmenter et diminuer alternativement la grandeur de celles qui ont lieu dans les ports européens, et cela en diminuant et augmentant le volume d'eau qui circule vers le Grand Océan et la mer des Indes.

Ce fait est resté totalement ignoré jusqu'à ce jour, car il n'en n'a jamais été question dans aucun ouvrage écrit sur les causes des flux et reflux des mers.

En voyant son importance sur la variation de la grandeur des marées, il est permis de croire que le manque de connaissances à l'égard de ce fait ait contribué au défaut de précisions qui, parfois, ont eu lieu au sujet des marées prédites antérieurement.

Ce qui a empêché aux savants de s'apercevoir d'une chose qui saute à l'œil, tant elle est en évidence, c'est sans doute la confiance sans bornes qu'ils ont accordée au système établi par Newton et ses successeurs. Ils n'ont pas cru devoir chercher la cause des flux et reflux des mers autre part que dans l'attraction, *qui n'existe pas*, et cela les a détournés de la voie qu'ils auraient pu suivre pour découvrir la vérité.

On voit ceci dans les Annuaires qui se publient dans le bureau des longitudes, car, à défaut de connaître les véritables causes des marées, les Newtoniens les attribuent aux puissances attractives de la lune et du soleil qu'ils augmentent et diminuent à volonté pour faire concorder les causes avec les faits.

On voit que des trésors d'érudition, tels que François Arago et ses successeurs, ayant été éblouis par des faux principes, n'ont pas pu découvrir les véritables causes des faits qui se passent à la surface de la terre, et qu'on peut matériellement voir et toucher.

Loin de moi la pensée de faire douter des talents des professeurs en astronomie qui expliquent les causes des flux et reflux des mers comme on leur a appris; au contraire, je les considère comme des grandes intelligences, comme des hommes supérieurs, doués de rares facultés; mais malheureusement, pour le progrès des sciences, ces grands génies ont été et sont encore stérilisés par la fausse voie qu'ils suivent, et qui, ainsi que je l'ai dit, leur empêche de voir celle dans laquelle ils pourraient entrer et mettre leurs grands talents à profit.

Si, n'étant plus ébloui par le système d'attraction (auquel on sera bien forcé de renoncer tôt ou tard), on attribuait aux flux et reflux des mers leurs véritables causes, on devrait appeler la chose qui constitue le fait dont je vais parler : le *diviseur des eaux*.

Cette chose, c'est la pointe orientale de l'Amérique méridionale, divisant les eaux des montagnes liquides qui sont alternativement poussées contre l'Amérique, après avoir contourné l'Afrique.

La pointe orientale de l'Amérique méridionale, par sa forme triangulaire, représente la façade de la pile d'un pont contre laquelle les eaux d'une rivière ou d'un fleuve se divisent et passent sous les arches situées à droite et à gauche ; mais la continuité de l'Amérique méridionale qui empêche aux eaux de se rejoindre derrière sa pointe orientale, comme derrière la pile d'un pont, cette continuité, dis-je, imite une montagne angulaire, formant deux collines qui suivent deux lignes opposées et vont en s'éloignant indéfiniment l'une de l'autre.

La pointe orientale de l'Amérique méridionale forme deux rivages qui suivent deux directions différentes: celui de gauche conduit dans le Grand Océan après avoir contourné la pointe sud de cette même Amérique méridionale, et celui de droite conduit primitivement dans le golfe du Mexique et ensuite vers le bord oriental de l'Océan Atlantique septentrional, où se trouvent les ports européens.

La pointe angulaire la plus saillante du côté oriental de l'Amérique méridionale, celle qui s'avance le plus dans l'Océan Atlantique, et où commence la division des eaux, cette pointe se trouve à six degrés de latitude méridionale par 37 degrés de longitude est.

Dorénavant, pour abréger la désignation de la pointe orientale de l'Amérique méridionale, je l'appellerai *le diviseur des eaux*, et ce nom pourra rester à cette côte.

DISSERTATION SUR LES CONSÉQUENCES DU DIVISEUR DES EAUX
A L'ÉGARD DES VARIATIONS DE LA GRANDEUR DES MARÉES
DANS LES PORTS EUROPÉENS.

Le diviseur des eaux étant fixé dans l'Océan Atlantique, sa position reste constamment la même, et ce qui fait varier le volume des eaux poussées dans les deux rivages qui suivent deux directions différentes, ce sont les variations en latitude des rayons vecteurs du soleil et de la lune, des deux côtés de l'équateur à la fois.

Ainsi donc, les globes solaires et lunaires n'étant jamais stables, leurs deux pressions diamétralement opposées l'une à l'autre varient continuellement en latitude des deux côtés de l'équateur à la fois, et ce sont ces variations en latitude, par rapport au diviseur des eaux, qui produisent les énormes différences de grandeur des marées qui ont lieu dans les ports d'Europe à des époques très-rapprochées les unes des autres.

Lorsque les montagnes liquides formées par les pressions lunaires et solaires ont contourné le continent d'Afrique, et qu'elles circulent ensemble ou séparément dans l'Océan Atlantique, toutes celles qui se trouvent en latitude septentrionale, par rapport au *diviseur des eaux* quand elles s'en approchent, sont poussées dans le rivage qui conduit au golfe du Mexique, et, de là, vers les ports européens.

Par la même raison, tous les mascarets qui se trou-vent en latitude méridionale par rapport au *diviseur des eaux*, lorsqu'ils rencontrent ce diviseur, tous ces masca-rets, dis-je, sont poussés dans le Grand Océan et la mer des Indes, en contournant l'Amérique méridionale.

Ce qui pousse ces divers mascarets, ce sont les dé-placements du soleil et de la lune par rapport à la sur-face des mers.

Ainsi que je l'ai déjà expliqué, les deux petits masca-rets formés par les pressions solaires circulent un peu plus rapidement d'orient en occident que les mascarets lunaires, et ils rencontrent et croisent ces derniers sur les mers, comme le soleil rencontre et croise la lune.

De ce fait il résulte que parfois les petits mascarets so-laires circulent derrière les mascarets lunaires, d'autres fois ensemble, et d'autres fois devant.

La variation en latitude des mascarets lunaires dé-pend du déplacement en latitude de la lune, qui s'effec-tue beaucoup plus rapidement que celui du soleil, car les rayons vecteurs du globe lunaire se portent en moyenne de l'équateur à leur plus grande latitude septentrionale, ainsi qu'à leur plus grande latitude méridionale, en 6 jours, 19 heures, 55 minutes, 46 secondes, tandis que pour effectuer ces mêmes déplacements, les rayons vec-teurs du soleil emploient en moyenne 91 jours, 7 heures, 27 minutes et 11 secondes.

Il résulte de ces faits que les mascarets produits par les pressions solaires varient peu en latitude en un jour, tandis que les montagnes liquides formées par les pressions lunaires se déplacent en latitude de 3 degrés, 45 centièmes de degré par jour.

La place fixe qu'occupe dans l'Océan Atlantique le *diviseur des eaux* étant connue, et les déplacements en latitude des pressions lunaires et solaires l'étant aussi, il sera facile de se rendre compte, à un moment donné, quels seront les mascarets qui seront poussés à droite dans le rivage qui conduit au côté oriental de l'Océan Atlantique, où se trouvent les ports européens, et quels seront ceux qui, en même temps, seront poussés dans le Grand Océan et dans la mer des Indes, en contournant la pointe sud de l'Amérique méridionale.

Par la même raison, il sera facile de se rendre compte des véritables époques auxquelles les marées doivent être plus grandes ou plus petites dans les ports d'Europe, ainsi que dans les littoraux du Grand Océan et de la mer des Indes.

En suivant minutieusement les marches et contre-marches de tous les mascarets provenant des pressions lunaires et solaires, on se rendra parfaitement compte des causes des divers courants qui ont lieu sur les mers, et ces connaissances ne peuvent éviter d'être d'une grande utilité à la navigation.

Pour bien faire comprendre l'importance qu'a *le di-*

viseur des eaux sur la variation de la grandeur des marées dans nos ports, je ferai remarquer que, d'après des nombreuses observations, on s'est aperçu qu'aux époques des équinoxes, et lorsque la lune se trouve près de l'équateur, les deux marées qui ont lieu dans les 24 heures sont égales entre elles pour un même pays. On a aussi observé que dans les ports d'Europe les marés les plus grandes sont généralement celles qui ont lieu environ 36 heures après les époques des syzygies, et on s'est aperçu que la marée qui vient immédiatement après la grande se trouve bien plus petite.

Cela démontre qu'évidemment cette différence de grandeur entre deux marées qui se suivent dépend d'un déplacement d'eaux qui s'est effectué en faveur d'un canal qui les conduit dans telle direction, et cela au détriment d'un autre canal qui les conduit dans une autre.

Je dis cela parce qu'une marée qui a lieu immédiatement après une autre, dans le même pays, dépend d'une influence située du côté de la terre diamétralement opposé.

On a reconnu que plus la lune (qui commande les marées) se trouve en latitude, plus les marées qui ont lieu dans les 24 heures sont inégales entre elles pour un même pays.

Comme, par exemple, si la lune, supposée pleine ou nouvelle, passe aujourd'hui le plus près possible de notre zénith, son action sur nos mers, lorsqu'elle arrivera au méridien, sera aussi la plus puissante qu'il se pourra, et lorsqu'elle aura passé sous l'horizon, et sera arrivée au méridien inférieur, la seconde marée dans nos mers s'élèvera beaucoup moins que la première.

Cela provient naturellement de ce que la seconde marée sera la conséquence de la pression lunaire diamétralement opposée à la lune, et que cette pression lunaire se trouve totalement opposée en latitude par rapport au *diviseur des eaux.*

Les faits que je viens de citer sont constatés dans tous les ouvrages écrits sur les marées, et, ainsi qu'on peut matériellement s'en rendre compte dans les ports d'Europe, ces faits s'effectuent toujours de la manière que je l'explique.

Ainsi donc, rien au monde ne peut faire révoquer en doute que la variation de la grandeur des marées est la conséquence de la division des eaux contre la côte orientale de l'Amérique méridionale; et, ainsi que je l'ai déjà dit, ce fait, qui saute à la vue malgré soi, tant il est en évidence, est resté inaperçu jusqu'à ce jour par toutes les personnes qui ont cherché à se rendre compte des causes des flux et reflux des mers.

Cela ne démontre-t-il pas péremptoirement qu'il faut que toutes les intelligences supérieures aient été éblouies par le système d'attraction établi par Newton et ses successeurs.

Ainsi qu'on peut le voir dans les annuaires publiés

depuis fort longtemps par l'illustre François Arago et ses honorables successeurs, on augmente et diminue à volonté les puissances attractives pour faire concorder les causes avec les faits qu'on voit effectuer dans les ports européens, et le public ébloui, comme les astronomes, par le brillant système de Newton se contente de ces explications.

De telle sorte, si on persiste à se servir éternellement, pour boucher tous les trous, d'un tampon qui n'existe que dans l'imagination, on est à peu près certain que le progrès des sciences demeurera stationnaire, et que les navigateurs ne jouiront pas des avantages que leur procurerait la connaissance de l'origine de bon nombre de courants sur les mers.

En connaissant les véritables origines de certains courants, les navigateurs pourraient en apprécier les conséquences et s'en servir pour faciliter et accélérer leurs voyages à long cours.

Pour que chacun puisse se rendre compte si ce que j'avance est vrai, je vais rendre cette vérification facile à toutes les personnes qui en auront la volonté, car pour cela il suffira de se rendre sur un port de mer européen, n'importe lequel, aux époques que j'indique.

Pour être convaincu, il suffira d'observer la hauteur de deux marées qui se succèderont en 24 heures, et voir si leurs différences de hauteur coïncideront avec les positions en latitude de la lune par rapport au diviseur des eaux, ou si ces différences de grandeur des marées peuvent logiquement s'expliquer par l'attraction, comme on le fait dans les annuaires publiés par le bureau des longitudes.

Les deux marées qui auront lieu dans les ports d'Europe, dans la journée du 15 septembre prochain, et dont j'ai indiqué la marche des mascarets qui les occasionneront, ces deux marées auront peu de différence dans leur grandeur, parce que, dans cette circonstance, les rayons vecteurs de la lune décriront à peu près l'équateur, et il s'ensuivra que les deux pressions lunaires, diamétralement opposées l'une à l'autre, décriront à peu près la même latitude.

Cependant, la marée qui arrivera dans les ports d'Europe dans la soirée du 15 septembre prochain sera un peu plus grande que celle qui aura lieu dans la matinée du même jour, et voici pourquoi :

Depuis la conjonction de la lune du 14 septembre prochain (qui aura lieu à 7 heures, 19 minutes du soir), jusqu'au 15 septembre dans la soirée, les rayons vecteurs de la lune se seront écartés, en latitude septentrionale et méridionale, de la valeur d'environ deux degrés, et le *diviseur des eaux* se trouvant à 6 degrés de latitude méridionale, il s'ensuivra :

1° Que l'écart en latitude méridionale du mascaret, provenant de la pression lunaire diamétralement opposée à la lune, n'atteindra pas la latitude du *diviseur des eaux ;*

2° Que, en raison du fait que je viens de citer, tout l'espace contenu à droite et à gauche de l'équateur par les deux mascarets lunaires se trouvera en latitude septentrionale par rapport à ce même diviseur ;

3° Et enfin, que tout le volume d'eau dépendant des écarts des deux mascarets lunaires sera poussé vers le rivage qui conduit au côté oriental de l'Océan Atlantique septentrional, où se trouvent les ports européens.

Par toutes ces considérations, *j'affirme* que la marée qui aura lieu dans les ports d'Europe, dans la soirée du 15 septembre prochain 1871, sera un peu plus grande que celle qui arrivera dans la matinée du même jour, 12 heures, 25 minutes et 14 secondes antérieurement.

INDICATION DE LA CAUSE POUR LAQUELLE LES PLUS GRANDES MARÉES DANS LES PORTS EUROPÉENS SONT GÉNÉRALEMENT CELLES QUI ONT LIEU ENVIRON 36 HEURES APRÈS LES SYZYGIES.

La situation en latitude du *diviseur des eaux* est une des principales causes pour lesquelles les plus grandes marées des ports d'Europe sont généralement celles qui ont lieu environ 36 heures après les syzygies, car voici ce qui se passe à l'égard d'une marée équinoxiale quand la lune, en conjonction ou en opposition, décrit la ligne équatoriale.

Les déplacements en latitude des rayons vecteurs de la lune par rapport à l'équateur dans les deux hémisphères à la fois étant (ainsi que je l'ai dit page 88) de la valeur de 3 degrés, 45 centièmes de degré par jour, cela ne fait qu'un peu plus de 5 degrés dont les mascarets lunaires se portent au nord et au midi de l'équateur en 36 heures, ou pendant la durée de trois marées consécutives.

Il résulte naturellement de ce fait que l'espace de 10 degrés contenu entre les deux mascarets lunaires à droite et à gauche de l'équateur se trouve tout au nord du *diviseur des eaux*, parce que le mascaret occasionné par la pression lunaire qui, dans cette circonstance, se porte en latitude méridionale, n'atteint pas les 6 degrés de latitude où se trouve situé ce dernier diviseur.

Par la même raison, tout le surplus d'eau qu'occasionnent les écarts des deux mascarets lunaires est dirigé vers le rivage qui conduit aux ports européens, et les marées de ces derniers ports sont plus grandes jusqu'à ce que l'écart en latitude de l'un des mascarets lunaires ait dépassé les six degrés où se trouve le *diviseur des eaux*.

Comme ce n'est qu'après la troisième marée qui suivent celles des syzygies que l'un des deux mascarets lunaires se trouve assez en latitude méridionale pour que ses eaux soient poussées vers le rivage qui conduit dans le Grand Océan et dans la mer des Indes, ce n'est qu'après la troisième haute mer, à partir de celle de la syzygie, que les grandeurs des marées des ports européens cessent d'augmenter.

A l'appui du volume d'eau qu'occasionnent les écarts en latitude des mascarets lunaires après la syzygie, il faut encore faire la part des écarts en longitude des mascarets solaires qui, en se portant à l'occident des mascarets lunaires, précèdent l'entrée de ces derniers dans l'Océan Atlantique, et ils augmentent encore le volume des eaux qui sont poussées dans le rivage qui conduit vers les ports d'Europe.

Les déplacements en longitude des mascarets solaires par rapport aux mascarets lunaires augmentent encore, pendant un jour et demi, ou deux jours, le volume des eaux qui sont dirigées vers les ports européens, parce que les mascarets solaires se déplacent peu en latitude pendant les 36 heures ou 48 heures postérieures à une conjonction ou opposition de la lune envers le soleil.

Cette augmentation d'eau durerait indéfiniment si elle n'était pas arrêtée par les côtes d'Amérique sur lesquelles portent les pressions solaires avant l'entrée des pressions lunaires dans l'Océan Atlantique, un jour et demi ou deux jours après les époques des syzygies, suivant dans quelle latitude se trouvent le soleil et la lune.

Le soleil se déplaçant occidentalement d'un peu plus de demi-degré par heure que la lune par rapport à la surface des mers, il s'ensuit qu'en 36 heures il dépasse la lune de toute l'étendue qui sépare les deux continents d'Afrique et d'Amérique aux endroits les plus rapprochés. A d'autres endroits, il lui faut plus de temps, et c'est pour cela que je dis suivant dans quelle latitude la lune et le soleil se trouvent un jour et demi ou deux jours après une pleine ou nouvelle lune. .

Je n'entrerai pas dans des plus longs détails parce que je crois qu'en voilà assez pour conclure que la seule et véritable cause de la variation de la grandeur des marées dans les ports européens dépend des variations en latitude des pressions lunaires et solaires par rapport à la pointe orientale de l'Amérique méridionale, que j'ai appelée *le diviseur des eaux.*

Néanmoins, pour rendre la vérification des faits que j'avance le plus facile possible, je ferai encore remarquer que plus il y a des différences en latitude entre les deux pressions lunaires diamétralement opposées l'une à l'autre, plus il y a de différence dans la grandeur de deux marées qui se succèdent dans un même pays en 24 heures, 50 minutes et 28 secondes.

Cela vient naturellement de ce que la marée dépendante de la pression lunaire qui se trouve en latitude méridionale par rapport au *diviseur des eaux* est moins grande pour les mers qui baignent les ports d'Europe que la haute mer dépendante d'une pression lunaire qui se trouve en latitude septentrionale par rapport à ce même *diviseur*.

Pour ne rien laisser à désirer pour qu'on puisse facilement et naturellement se rendre compte de la véritable cause de la variation de la grandeur des marées dans les ports européens, je prendrai une époque où les deux pressions lunaires diamétralement opposées l'une à l'autre auront une grande différence en latitude afin que cette différence les place l'une au nord et l'autre au midi du *diviseur des eaux*.

Dans cette circonstance, pour que la pointe orientale de l'Amérique méridionale soit considérée comme étant la seule et véritable cause de la variation de la grandeur des marées, il faudra que la plus haute des deux marées qui se suivront dans les ports d'Europe soit celle qui dépendra de la pression lunaire située au nord du *diviseur des eaux*, comme aussi il faudra

que la plus petite des deux marées qui se succèderont
dans les ports européens soit celle qui sera la conséquence de la pression lunaire située au midi de ce même
diviseur.

Pour avoir des positions bien tranchées, pour qu'il
ne puisse exister aucun doute, pour qu'enfin toutes les
personnes qui le désireront soient à même de juger cette
question, je choisis le 26 décembre prochain de 1871,
que la lune sera en opposition et en grande latitude septentrionale, pendant que le soleil décrira une grande latitude méridionale.

Dans cette circonstance, le soleil et la lune se trouveront dans des positions opposées de toutes manières par
rapport à la terre, et ces positions seront bien convena-
bles pour faire cette expérience.

Pour qu'on apprécie bien les positions qu'occuperont
les pressions lunaires et solaires situées du côté de la
terre diamétralement opposé soit à la lune, soit au soleil,
quand le globe lunaire arrivera en opposition, pour
rendre les positions des pressions opposées faciles à comprendre, je ferai remarquer que, le 26 décembre prochain, à 9 heures, 44 minutes du soir (époque de l'opposition), il sera midi pour les pays qui, en cet instant,
se trouveront sous le soleil, et minuit pour ceux qui, en
même temps, se trouveront vers le méridien que croisera
le globe lunaire.

Comme aussi le soleil décrira le solstice d'hiver et la lune décrira le solstice d'été.

La pression solaire située du côté de la terre diamétralement opposé au soleil décrira le solstice d'été comme la lune, et, par la même raison, la pression lunaire située du côté de la terre diamétralement opposé à la lune décrira le solstice d'hiver comme le soleil.

Ainsi donc, les deux pressions solaires diamétralement opposées l'une à l'autre se trouveront réunies aux deux pressions lunaires, et ces deux doubles mascarets décriront des parallèles séparées en latitude de toute la grandeur de la zone torride.

La pression lunaire de la lune même décrira le solstice d'été et la pression lunaire située du côté de la terre diamétralement opposé à la lune décrira le solstice d'hiver.

Ceci devant être compris, je ferai encore remarquer que les deux sommets des deux montagnes liquides que feront surgir les deux pressions lunaires, ces deux sommets, dis-je, décriront les mêmes latitudes que les deux pressions, et lorsque ces mascarets circuleront successivement dans l'Océan Atlantique, après avoir contourné le continent d'Afrique, les parallèles qu'ils décriront auront une différence en latitude de 46 degrés, dont 23 au midi de l'équateur et 23 au nord.

Le sommet de la montagne liquide qui précèdera le déplacement occidental de la pression de la lune même circulera à 23 degrés de latitude septentrionale de l'équateur, ce qui correspondra à 29 degrés de latitude septentrionale du *diviseur des eaux*.

Il résultera de ce fait que la majeure partie de cette montagne liquide sera dirigée vers le rivage qui conduit dans le golfe du Mexique, et ensuite vers le côté oriental de l'Océan Atlantique septentrional, où se trouvent les ports européens.

Le sommet de la montagne liquide qui précèdera le déplacement occidental de la pression lunaire située du côté de la terre diamétralement opposé à la lune, ce mascaret (qui traversera l'Océan Atlantique 12 heures, 25 minutes, 14 secondes après celui dont je viens de parler) circulera à 23 degrés de latitude méridionale de l'équateur, et, par conséquent, à 17 degrés de latitude méridionale du *diviseur des eaux*.

Dans cette circonstance, la plus grande partie d'eau de ce dernier mascaret sera poussée dans le Grand Océan et la mer des Indes après avoir contourné la pointe sud de l'Amérique méridionale.

De ces deux faits, il s'ensuivra que la marée qui aura lieu dans les ports d'Europe, dans la matinée du 27 décembre prochain 1871, sera beaucoup plus grande que celle qui aura lieu dans les mêmes ports 12 heures, 25 minutes, 14 secondes après.

Par les explications que je viens de donner, on voit matériellement pourquoi deux marées qui se succèdent en 24 heures dans un même pays sont parfois beaucoup plus grandes l'une que l'autre; mais pour que tout soit bien compris, je vais démontrer séparément comment s'effectuent les deux marées dépendantes des deux pressions lunaires diamétralement opposées l'une à l'autre, lorsque, à l'exemple du 26 décembre prochain 1871, ces deux pressions lunaires décrivent des parallèles bien séparées en latitude.

Pour éviter la confusion, je vais indiquer par ordre, d'orient en occident, les positions qu'occuperont en longitude et en latitude, à un moment donné, les deux pressions lunaires diamétralement opposées l'une à l'autre, ainsi que les deux montagnes liquides qui précèderont ces deux pressions dans leur déplacement occidental par rapport à la surface des mers.

Ainsi donc, le 26 décembre prochain 1871, à 3 heures, 34 minutes et 23 secondes du soir, au méridien de Paris, la pression de la lune même se trouvera dans la mer de la Chine, par 124 degrés de longitude est, et 23 degrés de latitude septentrionale.

Le sommet de la montagne liquide qui précèdera cette pression lunaire se trouvera sur le bord oriental de la mer Rouge, par 34 degrés de longitude est, et 23 degrés de latitude septentrionale.

La pression lunaire diamétralement opposée à la lune sera au-dessus de l'Amérique méridionale, par 56 degrés de longitude ouest, et 23 degrés de latitude méridionale.

Le sommet de la montagne liquide qui précèdera la pression lunaire diamétralement opposée à la lune se trouvera sur le Grand Océan Pacifique, par 146 degrés de longitude ouest, et 23 degrés de latitude méridionale.

Ces quatre positions étant connues, je ferai remarquer qu'à partir du moment indiqué plus haut, c'est-à-dire à partir du 26 décembre prochain, à 3 heures, 31 minutes et 23 secondes du soir, les deux pressions lunaires, ainsi que les deux montagnes liquides qui les précèderont, se déplaceront rapidement en longitude, d'orient en occident, en conservant à peu près la même latitude, parce que les pressions lunaires ne varient en latitude que de la valeur d'un degré et trois quarts de degré pendant la moitié d'un jour lunaire.

Par suite de ce déplacement longitudinal et occidental, les deux pressions lunaires, ainsi que les deux montagnes liquides qui précèderont ces deux pressions, parcourront chacune la moitié de la circonférence de la terre en 12 heures, 25 minutes, 14 secondes, et, par ce parcours, elles changeront mutuellement de place en longitude.

La pression de la lune même occupera en longitude la place qu'occupait la pression opposée, tout comme la pression opposée occupera en longitude la place qu'occupait la pression de la lune, 12 heures, 25 minutes et 14 secondes antérieurement.

En renouvelant ce parcours en longitude, pour les deux autres demi-circonférences de la terre, pendant un nouveau temps de 12 heures, 25 minutes et 14 secondes, il s'ensuivra que les deux pressions lunaires, ainsi que les deux montagnes liquides qui précèderont ces pressions, achèveront leur révolution occidentale autour de la terre, et elles reviendront positivement aux mêmes longitudes qu'elles étaient à l'époque qui aura marqué leur point de départ.

Ces retours aux mêmes longitudes auront lieu 24 heures, 50 minutes et 28 secondes après le 26 décembre, à 3 heures, 31 minutes, 23 secondes du soir, et cela portera au 27 décembre, à 4 heures, 21 minutes, 51 secondes du soir.

Ces faits expliquent pourquoi il y a deux marées à la fois, une de chaque côté de la terre diamétralement opposés l'un à l'autre, et aussi pourquoi les retours périodiques de ces marées, pour les mêmes pays, retardent en moyenne de 50 minutes, 28 secondes par jour.

Ainsi donc, pendant les 24 heures, 50 minutes et 28 secondes qui s'écouleront à partir du 26 décembre prochain, à 3 heures, 31 minutes et 23 secondes du soir, les deux pressions lunaires diamétralement opposées l'une à l'autre, ainsi que les deux montagnes liquides qui les précèderont, parcourront complétement la circonférence de la terre d'orient en occident, et elles arriveront absolument aux mêmes longitudes qu'elles occuperont lors du point de départ.

Par ces faits, et pendant ce temps de 24 heures, 50

minutes, 28 secondes, il y aura deux marées consécutives dans les ports d'Europe, dont l'une dépendra de la pression de la lune même, et l'autre sera la conséquence de la pression lunaire située du côté de la terre diamétralement opposé à la lune.

Une de ces deux hautes mers (celle qui dépendra de la pression de la lune) sera beaucoup plus forte dans les mers qui baignent les ports d'Europe que celle qui, pour ces mêmes ports, aura lieu 12 heures, 25 minutes, 14 secondes plus tard, et qui dépendra de la pression lunaire diamétralement opposée à la lune.

Maintenant il s'agit de suivre, à la surface de la terre, les parcours de ces deux pressions lunaires opposées l'une à l'autre, pour se rendre matériellement compte de la véritable cause pour laquelle la marée occasionnée par la pression de la lune même dans les ports européens sera beaucoup plus grande que celle qui dépendra de la pression lunaire diamétralement opposée à la lune.

La première marée qui aura lieu dans les ports d'Europe, à partir du 26 décembre prochain, à 3 heures, 31 minutes, 23 secondes du soir, étant celle qui sera occasionnée par la pression de la lune même, c'est par le parcours autour de la terre de la pression du globe lunaire même que je vais commencer ma démonstration.

Après cela j'expliquerai comment s'effectuera la marée qui dépendra de la pression lunaire diamétralement opposée à la lune, laquelle marée aura lieu, pour les ports européens, 12 heures, 25 minutes et 14 secondes après la haute mer qui dépendra de la pression de la lune même.

DÉMONSTRATION DU PARCOURS DE LA PRESSION DE LA LUNE AUTOUR DE LA TERRE, AINSI QUE DE CELUI DE LA MONTAGNE LIQUIDE QUI PRÉCÈDERA CETTE PRESSION DANS SON DÉPLACEMENT OCCIDENTAL, A PARTIR DU 26 DÉCEMBRE PROCHAIN 1871, A 3 HEURES, 31 MINUTES, 23 SECONDES DU SOIR.

Ainsi que je l'ai dit (page 101), le 26 décembre prochain 1871, à 3 heures, 31 minutes, 23 secondes du soir, la pression de la lune se trouvera dans la mer de la Chine, par 124 degrés de longitude est, et 23 degrés de latitude septentrionale.

Au même instant, le sommet de la montagne liquide qui précèdera la pression de la lune se trouvera à la même latitude septentrionale que ladite pression, et à 90 degrés occidental, ce qui correspondra avec le bord oriental de la mer Rouge par 34 degrés de longitude est, et 23 degrés de latitude septentrionale.

A partir de ce moment, la pression de la lune, ainsi que la montagne liquide, se déplaceront, en 4 heures, de 58 degrés en longitude occidentale et du 3/4 d'un degré en latitude méridionale.

Cela portera la pression de la lune au nord de la mer d'Omand, par 66 degrés de longitude est, et 22 degrés et 1/4 de latitude septentrionale.

Quant à la montagne liquide, ce déplacement la porera dans l'Océan Atlantique (après avoir coutourné l'Afrique), et elle se trouvera au-dessous de l'Ile-de-Fer, par 24 degrés de longitude ouest, et 22 degrés et 1/4 de latitude septentrionale.

Dans cette circonstance, le sommet de cette montagne liquide se trouvera à 28 degrés et 1/4, en latitude nord, par rapport au *diviseur des eaux*, et il en résultera qu'à mesure que ce mascaret sera poussé vers l'occident par la pression de la lune, la majeure partie de ses eaux seront dirigées dans le rivage qui conduit vers les ports européens.

Il en sera ainsi, parce que, la montagne liquide se trouvant en grande latitude septentrionale par rapport à la pointe orientale de l'Amérique méridionale, la presque totalité des eaux de ce mascaret seront poussées dans le golfe du Mexique, et de là vers le côté de l'Océan Atlantique septentrional, où se trouvent les ports d'Europe.

En ajoutant les 4 heures que la pression de la lune et le mascaret emploieront pour se déplacer de 58 degrés en longitude et 3/4 de degré en latitude, aux 3 heures, 31 minutes, 23 secondes du soir (époque du point de départ), cela correspondra à 7 heures, 31 minutes, 23 secondes du soir.

A partir de ce dernier moment, 7 heures, 31 minutes, 23 secondes du soir, jusqu'à minuit, 43 minutes, et 23 secondes, pendant ces 5 heures, 12 minutes, la pression de la lune, ainsi que la montagne liquide, se déplaceront, d'orient en occident, de 76 degrés en longitude occidentale et d'un degré en latitude méridionale. Cela portera la pression de la lune sur le côté occidental d'Afrique par 10 degrés de longitude ouest, et 21 degrés et 1/4 de latitude septentrionale.

Quant à la montagne liquide, elle sera divisée par la pointe orientale de l'Amérique méridionale, qu'elle rencontrera à 8 heures, 20 minutes; la presque totalité de ses eaux sera poussée vers le golfe du Mexique, au fond duquel elle arrivera à minuit, 43 minutes et 23 secondes, en circulant par la mer des Antilles, dans laquelle elle passera à 11 heures du soir.

Une faible partie de cette montagne liquide, celle qui, au moment de la division, n'entrera pas dans le rivage qui conduit dans le golfe du Mexique, cette faible quantité d'eau (comparativement avec celle qui passera au côté nord du *diviseur*) circulera dans le Grand Océan après avoir contourné la pointe sud de l'Amérique méridionale; et à minuit, 43 minutes, 23 secondes, cette petite partie de la montagne liquide arrivera au sud du Mexique par 100 degrés de longitude ouest, et 21 degrés et 1/4 de latitude septentrionale.

Dans cette circonstance, il arrivera que, malgré la division de la montagne liquide qui précèdera le déplacement de la pression de la lune, les eaux de ce mascaret ne seront séparées que de l'épaisseur du Mexique, à minuit 43, minutes, 23 secondes.

Il en sera ainsi, parce que les deux parties de cette montagne liquide conserveront leur distance rigoureuse de 90 degrés, par rapport à la pression de la lune, jusqu'à minuit, 43 minutes, 23 secondes, que la plus forte partie de ces eaux arrivera au fond du golfe du Mexique.

A partir de cette dernière époque de minuit, 43 minutes et 23 secondes, les choses ne se passeront plus de la même manière, car les deux parties d'eau dépendantes du même mascaret, avant la division, circuleront en sens opposé l'une à l'autre : la plus faible partie, celle qui circulera dans le Grand Océan, continuera sa marche occidentale en conservant sa distance de 90 degrés par rapport à la pression de la lune, tandis que la plus forte partie d'eau, celle qui aura été poussée dans le golfe du Mexique, circulera (faute d'issue occidentale) d'occident en orient, en allant à la rencontre de la pression de la lune, et en se dirigeant vers le côté oriental de l'Océan Atlantique septentrional, où se trouvent les ports européens.

Ceci explique pourquoi plus les ports d'Europe sont situés au nord et à l'orient de l'Océan Atlantique, plus ils tardent d'avoir la haute mer; et, par la même raison, plus il y a de temps que la pression de la lune, ou la pression diamétralement opposée, ont croisé les méridiens de ces ports quand la haute mer leur arrive.

C'est ce qui a occasionné ce qu'on appelle l'*établissement des ports*.

A partir de minuit, 43 minutes, 23 secondes jusqu'au 27 décembre, à 3 heures, 56 minutes, 37 secondes du matin, pendant ces 3 heures, 13 minutes, 14 secondes, la pression de la lune se déplacera de 46 degrés en longitude occidentale, et de 1/4 de degré en latitude méridionale; elle se trouvera dans l'Océan Atlantique par 56 degrés de longitude ouest, et 21 degrés de latitude septentrionale, ce qui correspondra en longitude avec le méridien qui passe sur l'île de Terre-Neuve.

Quant aux eaux du mascaret divisé, la petite partie, qui aura été poussée dans le Grand Océan, aura conservé sa distance de 90 degrés par rapport à la pression de la lune; en circulant occidentalement, elle aura croisé le golfe de Californie, dans lequel il y aura haute mer à 2 heures du matin; et à 3 heures, 56 minutes et 37 secondes, cette petite partie d'eau se trouvera dans le Grand Océan par 146 degrés de longitude ouest, et 21 degrés de latitude septentrionale.

Cette dernière longitude où se trouvera la faible partie d'eau (dépendante du mascaret qui précédera la pression de la lune) sera la même que celle où se trouvera, 12 heures, 25 minutes, 14 secondes avant, le mascaret opposé, mais elle en sera encore séparée en latitude par 42 degrés, qui font presque l'étendue de la zone torride.

Quant à la forte partie d'eau de la montagne liquide divisée, celle qui sera poussée dans le golfe du Mexique par la pression de la lune, ces eaux, faute d'issue à l'occident, seront revenues d'occident en orient, et à 3 heures, 56 minutes, 37 secondes du matin, elles se trouveront dans l'Océan Atlantique, par 54 degrés de longitude ouest, et 21 degrés de latitude septentrionale.

Cette position correspondra avec le méridien qui passe sur le côté oriental de l'île de Terre-Neuve et se trouvera entre cette dernière île et la place qu'occupera en même temps la pression de la lune, à 2 degrés près en longitude, et à 20 degrés de distance en latitude.

Je dis à 2 degrés près en longitude, parce que c'est au 55me degré en longitude ouest que le croisement aura lieu, et le 27 décembre, à 3 heures, 56 minutes, 37 secondes du matin, la pression de la lune et les eaux dépendantes de son mascaret auront parcouru, en sens inverse, après s'être croisées, chacune d'un degré, qui constitueront les deux degrés de différence en longitude.

A partir de ce dernier moment, 3 heures, 56 minutes et 37 secondes du matin, la grande partie des eaux du mascaret divisé ralentira sa marche orientale en s'étendant au nord de l'Océan Atlantique (n'étant plus resserrées entre les deux Amériques), et ces eaux afflueront lentement vers les ports d'Europe, dans lesquels elles arriveront successivement, selon les positions orientales et septentrionales desdits ports.

A mesure que ces eaux s'éloigneront du lieu où elles auront reçu l'impulsion qui les fera circuler vers le nord et vers l'orient de l'Océan Atlantique, leur déplacement se ralentira, et ce déplacement cessera totalement quand l'impulsion ne produira plus d'effet.

Comme, par exemple, dans l'extrême nord, au-dessus de la Norvége, les mers de ces pays ne doivent plus avoir des marées, et voici pourquoi :

A partir du golfe du Mexique, les pressions lunaires et solaires ne peuvent plus avoir d'action sur le mascaret qui se dirige en sens opposé d'occident en orient, parce que ces pressions sont séparées par les côtes d'Amérique, qui en arrêtent les effets.

Il résulterait, selon ma manière de voir, que, passé 90 degrés en longitude orientale, à partir du golfe du Mexique, l'impulsion dépendante des pressions lunaires et solaires sur les eaux qui circulent d'occident en en orient vont en s'amortissant.

Voici les époques auxquelles la haute mer arrivera dans les ports de Brest, de Saint-Malo et de Dieppe, dans la matinée du 27 décembre prochain 1871.

Dans le port de Brest, à 4 heures, 10 minutes du matin; dans celui de Saint-Malo, à 6 heures, 28 minutes idem, et dans le port de Dieppe, à 10 heures, 50 minutes aussi du matin.

Cette marée sera beaucoup plus grande dans les ports d'Europe que celle qui aura lieu 12 heures, 25 minutes, 14 secondes plus tard, parce que la haute mer dont je viens de parler dépendra de la grande quantité d'eau qui passera au nord du *diviseur des eaux* dans la soirée du 26 décembre, et qui sera beaucoup plus forte que celle qui passera vers ce même *diviseur*, 12 heures, 25 minutes, 14 secondes après.

Cela viendra (ainsi que je l'ai déjà dit bien des fois) de ce que la haute mer qui arrivera dans les ports d'Europe, dans la matinée du 27 décembre prochain, dépendra de la pression de la lune même, qui se trouvera au nord du *diviseur des eaux*, tandis que la marée qui viendra après cette haute mer, et qui aura lieu dans la soirée du 27 décembre prochain, dépendra de la pression lunaire située du côté de la terre diamétralement opposé à la lune. Cette pression se trouvera en latitude méridionale par rapport au *diviseur des eaux*, et la majeure partie des eaux de la montagne liquide qui précèdera le déplacement occidental de ladite pression sera dirigée dans le rivage qui conduit vers le Grand Océan et la mer des Indes.

INDICATION DU PARCOURS DE LA PRESSION LUNAIRE DIAMÉ-
TRALEMENT OPPOSÉE A LA LUNE, AINSI QUE CELUI DE LA
MONTAGNE LIQUIDE QUI PRÉCÈDERA CETTE PRESSION LU-
NAIRE, A PARTIR DU 26 DÉCEMBRE PROCHAIN 1871, A 3
HEURES, 31 MINUTES, 23 SECONDES DU SOIR.

Pendant que la pression de la lune et la montagne liquide qui la précèdera se déplaceront de 180 degrés en
longitude occidentale, et 2 degrés en latitude méridionale,
en 12 heures, 25 minutes, 14 secondes, la pression lunaire diamétralement opposée à la lune, ainsi que le
mascaret qui la précèdera, effectueront le même déplacement occidental en longitude et 2 degrés en latitude
septentrionale.

Il en sera ainsi parce que les rayons vecteurs de la
lune s'écartent et se rapprochent de l'équateur pour les
deux hémisphères de la terre à la fois.

De ces faits il résultera qu'à partir du 26 décembre
prochain 1871, à 3 heures, 31 minutes, 23 secondes du
soir, la pression lunaire diamétralement opposée à la
lune, et le mascaret qui précèdera cette pression, parcourront la demi-circonférence de la terre opposée à celle
que parcourra en même temps la pression de la lune
même, ainsi qu'un des mascarets qui précèdera cette dernière pression.

Par ce double fait, il s'ensuivra que les deux pressions
lunaires diamétralement opposées l'une à l'autre pren-

dront mutuellement et longitudinalement la place l'une de l'autre en 12 heures, 25 minutes, 14 secondes ; mais il n'en sera pas de même en latitude, car pendant ce temps elles ne se rapprocheront l'une et l'autre de l'équateur que de chacune 2 degrés ; cela les réduira à 42 degrés de distance en latitude au lieu de 46 degrés dont elles seront séparées l'une de l'autre à l'époque du point de départ.

De ces divers faits il résultera que, le 27 décembre prochain 1871, à 3 heures, 56 minutes, 37 secondes du matin, la presion lunaire diamétralement opposée à la lune, et la montagne liquide qui précèdera cette pression, auront, ocidentalement et longitudinalement, parcouru la demi-circonférence de la terre opposée à celle qu'auront parconru en même temps la pression de la lune et une partie des eaux de son mascaret.

Ainsi donc, on a vu (page 101), que le 26 décembre prochain, à 3 heures, 31 minutes, 23 secondes du soir, il arrivera :

1° Que la pression de la lune même se trouvera dans la mer de la Chine par 124 degrés de longitude est, et 23 degrés de latitude septentrionale.

2° Que le sommet de la montagne liquide qui précèdera cette dernière pression se trouvera sur le bord oriental de la mer Rouge, par 34 degrés de longitude est, et 23 degrés de latitude septentrionale.

3° Que la pression lunaire diamétralement opposée à

la lune sera sur l'Amérique méridionale par 56 degrés de longitude ouest, et 23 degrés de latitude méridionale.

4° Et enfin, que le sommet de la montague liquide qui précèdera la pression lunaire diamétralement opposée à la lune se trouvera dans le Grand Océan Pacifique par 146 degrés de longitude ouest, et 23 degrés de latitude méridionale.

Par suite des déplacements en longitude et en latitude des deux côtés de la terre à la fois, par les deux pressions lunaires diamétralement opposées l'une à l'autre, ainsi que par les deux montagnes liquides qui précèderont ces deux pressions dans leur marche occidentale, il s'en-suivra que, 12 heures, 25 minutes, 14 secondes après le 26 décembre prochain, à 3 heures, 31 minutes, 23 secondes du soir, il s'ensuivra, dis-je, qu'après le laps de temps cité plus haut (qui correspondra avec le 27 décembre, à 3 heures, 56 minutes, 37 secondes du matin), les deux pressions lunaires, ainsi que leurs deux mascarets, occuperont sur la terre les places suivantes :

1° La pression de la lune se trouvera dans l'Océan Atlantique par 56 degrés de longitude ouest, et 21 degrés de latitude septentrionale.

2° Une partie du mascaret qui précèdera la pression de la lune sera dans le Grand Océan Pacifique par 146 degrés de longitude ouest, et 21 degrés de latitude septentrionale.

3° La pression lunaire diamétralement opposée à la

lune se trouvera sur l'Australie, par 124 degrés de longitude est, et 21 degrés de latitude méridionale.

4° Et enfin, le sommet de la montagne liquide qui précèdera la pression lunaire diamétralement opposée à la lune se trouvera dans le canal de Mozambique, par 34 degrés de longitude est, et 21 degrés de latitude méridionale.

On a dû remarquer qu'après le parcours de la demi-circonférence de la terre par la pression de la lune même il n'y aura qu'une partie du mascaret dépendant de cette pression qui se trouvera dans le Grand Océan Pacifique, par 146 degrés de longitude ouest, et 21 degrés de latitude septentrionale.

Cela viendra de ce que (ainsi que je l'ai expliqué précédemment), pendant le parcours de la demi-circonférence de la terre, où se trouvent les continents d'Afrique et d'Amérique, les montagnes liquides qui précèdent les pressions lunaires sont alternativement entravées par ces deux continents.

C'est ce qui aura lieu pendant le parcours de la pression de la lune autour de cette demi-circonférence de la terre, car, ainsi que je l'ai expliqué (page 108 et autres), une faible partie des eaux de la montagne liquide qui précèdera la pression de la lune passera au midi du *diviseur des eaux* et sera poussée dans le Grand Océan Pacifique.

L'autre partie de cette montagne liquide, la plus

8

grande quantité, passera au nord du *diviseur des eaux* et sera poussée dans le rivage qui conduit au côté oriental de l'Océan Atlantique septentrional, où se trouvent les ports d'Europe.

Ainsi que je l'ai déjà dit bien souvent, c'est cette particularité qui est cause que la marée qui aura lieu dans les ports d'Europe dans la matinée du 27 décembre prochain, sera beaucoup plus grande que celle qui arrivera 12 heures, 25 minutes, 14 secondes plus tard, dans les mêmes ports.

On verra matériellement la raison de ce fait par les explications qui vont suivre, à l'égard de la continuation des déplacements des deux pressions lunaires, ainsi que des deux montagnes liquides qui précèderont les déplacements de ces deux pressions.

DÉMONSTRATION DES DÉPLACEMENTS DES DEUX PRESSIONS LUNAIRES, AINSI QUE DE LEURS DEUX MASCARETS, A PARTIR DU 27 DÉCEMBRE PROCHAIN, A 3 HEURES, 56 MINUTES, 37 SECONDES DU MATIN.

A partir de l'époque citée ci-dessus, la pression de la lune, ainsi que la montagne liquide qui précèdera cette dernière pression, se déplaceront sans interuption en 12 heures, 25 minutes, 14 secondes, de 180 degrés en longitude occidentale et 2 degrés en latitude méridionale.

Ce déplacement reportera la pression de la lune dans la mer de la Chine par 124 degrés de longitude est et 19 degrés de latitude septentrionale.

Le sommet de la montagne liquide qui précèdera cette pression, se retrouvera sur le bord oriental de la mer Rouge, par 34 degrés de longitude est, et 19 degrés de latitude septentrionale.

Après ce laps de temps de 12 heures, 25 minutes, 14 secondes (qui correspondra avec le 27 décembre à 4 heures, 21 minutes, 51 secondes du soir), la pression de la lune et son mascaret se retrouveront dans les mêmes positions en longitude qu'elles occuperont à l'époque qui marquera leur point de départ, soit 26 décembre, à 3 heures, 31 miuutes, 23 secondes du soir, mais il n'en sera pas de même à l'égard de la latitude, qui aura varié de quatre degrés du côté méridional en se rapprochant de l'équateur.

Cette variation en latitude sera cause que, le 27 décembre prochain, à 4 heures, 21 minutes, 51 secondes du soir (1), la pression de la lune ne se trouvera plus qu'à 19 degrés de latitude septentrionale.

Comme aussi, par la même raison, la montagne liquide qui précèdera le déplacement de la pression de la lune ne se trouvera plus qu'à 19 degrés de latitude septentrionale, le 27 décembre prochain, à 4 heures, 21 minutes, 51 secondes du soir; et cela correspondra avec la Nubie, par 34 degrés de longitude est, et 19 degrés de latitude septentrionale.

Quant à la pression lunaire diamétralement opposée à la lune, cette pression se portera également de 180 degrés en longitude occidentale, et 4 degrés en latitude méridionale, en 12 heures, 25 minutes, 14 secondes.

Dans cette circonstance, la pression lunaire diamétralement opposée à la lune reviendra dans la même position en longitude qu'elle occupera à l'époque du point de départ (2), et elle n'aura varié que de 4 degrés en latitude, dont elle se sera rapprochée de l'équateur.

------

(1) Époque à laquelle la pression lunaire sera revenue à la même longitude qu'elle occupera le 26 décembre prochain, à 3 heures, 31 minutes, 23 secondes du soir.

(2) 26 décembre prochain, à 3 heures, 31 minutes, 23 secondes du soir.

Cette variation en latitude sera cause que, le 27 décembre prochain, à 4 heures, 21 minutes, 51 secondes du soir, la pression lunaire diamétralement opposée à la lune ne se trouvera plus qu'à 19 degrés de latitude méridionale, ce qui correspondra avec l'Amérique sud par 56 degrés de longitude ouest, et 19 degrés de latitude méridionale.

Quant à la montagne liquide qui précèdera la pression lunaire diamétralement opposée à la lune, et dont je viens de parler, il n'y aura qu'une partie des eaux de ce mascaret qui parcourra 180 degrés de longitude occidentale et 2 degrés de latitude septentrionale, en 12 heures, 25 minutes et 14 secondes, et dont le parcours correspondra avec le Grand Océan Pacifique, par 146 degrés de longitude ouest, et 19 degrés de latitude méridionale.

Une faible partie de cette montagne liquide sera soustraite par le *diviseur des eaux* lorsque ce mascaret rencontrera ce dernier *diviseur* en traversant l'Océan Atlantique.

Les choses se passeront absolument de la même manière qu'au sujet de la montagne liquide qui précèdera le déplacement occidental de la pression de la lune, et qui traversera cette même branche de mer dans la soirée du 26 décembre prochain.

Je ne reproduirai pas les détails dans lesquels je suis entré, page 107 et suivantes, à l'égard du passage de la pression de la lune dans l'Océan Atlantique, ainsi que de celui de son mascaret, attendu que les choses étant identiques, elles se passeront absolument de la même manière, et cela ne servirait qu'à répéter les mêmes faits qui doivent avoir été compris.

Seulement, je ferai encore remarquer que le passage de la pression de la lune et son mascaret, qui auront lieu dans la soirée du 26 décembre prochain, ses passages s'effectueront à 28 degrés de latitude nord par rapport à la pointe orientale de l'Amérique méridionale, que j'ai appelée le *diviseur des eaux*, tandis que ces mêmes passages de la pression lunaire diamétralement opposée à la lune, ainsi que celui de son mascaret, et qui auront lieu dans la matinée du 27 décembre prochain, ces mêmes passages, dis-je, s'effectueront à 15 degrés de latitude méridionale par rapport à ce même *diviseur*.

De ce fait il s'ensuivra naturellement que les eaux de la montagne liquide qui passeront au midi du *diviseur*, dans la matinée du 27 décembre prochain, et qui, par ce fait, circuleront dans le rivage qui conduit dans le Grand Océan et la mer des Indes, seront plus abondantes que celles qui passeront dans ce même endroit 12 heures, 25 minutes, 14 secondes avant.

Comme aussi, les eaux qui passeront au nord de la pointe orientale de l'Amérique méridionale, dans la soirée du 26 décembre prochain, et qui seront poussées dans le golfe du Mexique, et de là vers le côté oriental de l'océan Atlantique septentrional, où se trouvent les ports européens, ces eaux seront beaucoup plus abondantes que celles qui passeront dans ces mêmes lieux 12 heures, 25 minutes, 14 secondes plus tard.

Il résultera naturellement de ces faits :

1° Que la marée qui aura lieu dans les ports de l'Europe dans la matinée du 27 décembre prochain, et qui dépendra de la pression de la lune même, sera beaucoup plus grande que celle qui aura lieu dans les mêmes ports, 12 heures, 25 minutes, 14 secondes après et qui dépendra de la pression lunaire diamétralement opposée à la lune.

2° Que le sommet de la montagne liquide qui longera le Grand Océan et la mer des Indes, dans la nuit du 26 au 27 décembre prochain, et qui dépendra de la pression de la lune, ce mascaret circulera par 23 degrés de latitude septentrionale, au début, et se terminera par 24 degrés.

Il croisera successivement le golfe de Californie, les îles Philippines, la mer de la Chine, le golfe de Siam, le golfe du Bengale, le golfe Persique et le golfe d'Arabie, dans lequel il se trouvera, le 27 décembre prochain, à 3 heures, 56 minutes, 37 secondes du matin.

3° Et enfin, que le sommet de la montagne liquide qui parcourra le Grand Océan et la mer des Indes, 12 heures, 25 minutes, 14 secondes plus tard, et qui dépendra de la pression lunaire diamétralement opposée à la lune, le parcours de ce sommet s'effectuera par 21 degrés de latitude méridionale au début; il croisera l'Australie le 27 décembre prochain, à 8 heures du matin, et il arrivera dans le canal de Mozambique, près de l'Afrique, le même jour, à 4 heures, 21 minutes, 51 secondes du soir; et, dans ce moment, il ne sera plus qu'à 19 degrés de latitude méridionale.

DISSERTATION SUR LES ÉCARTS EN LATITUDE DES RAYONS VECTEURS DU SOLEIL ET DE LA LUNE.

Les rayons vecteurs de la lune se portant alternativement dans les deux hémisphères, à la fois, de l'équateur à leur plus grande latitude, et de cette dernière à l'équateur, il s'ensuit que les sommets des montagnes liquides occasionnées par les deux pressions lunaires s'éloignent et se rapprochent alternativement de l'équateur en circulant dans le Grand Océan et la mer des Indes, où leur marche n'est pas sérieusement entravée.

Les rayons vecteurs de la lune n'employant en moyenne que 13 jours, 15 heures, 51 minutes et 32 secondes pour se porter de l'équateur à leur plus grande latitude, et de cette dernière à l'équateur, il s'ensuit que les deux mascarets formés par les deux pressions lunaires se portent alternativement de l'équateur aux plus grandes latitudes de la lune, et de ces dernières à l'équateur, tous les 13 jours, 15 heures, 51 minutes, 32 secondes en moyenne.

Les petits mascarets formés par les pressions solaires effectuent cette même variation en latitude, mais beaucoup plus lentement, parce qu'ils suivent celles des rayons vecteurs du soleil, et comme les rayons vecteurs du globe solaire emploient en moyenne 182 jours, 14 heures, 54 minutes et 22 secondes pour se porter alternativement de l'équateur aux deux tropiques et revenir sur l'équateur, il s'ensuit que les deux petites montagnes liquides formées par les pressions solaires emploient le temps que je viens d'indiquer pour cette même variation dans le Grand Océan et dans la mer des Indes.

Ainsi qu'on a déjà dû le reconnaître, les hautes mers qui ont lieu dans le Grand Océan et la mer des Indes ne ressemblent pas à celles qui ont lieu dans l'Océan Atlantique septentrional, où se trouvent les ports européens, et ne s'effectuent pas de la même manière.

Les hautes mers ou marées des grandes mers (exemptes de barrages assez forts pour en entraver sérieusement la marche occidentale) circulent librement avec une vitesse égale aux déplacements occidentaux de la lune et du soleil par rapport à la surface des mers ; elles couvrent ou renversent les petits obstacles qui se présentent sur leur passage, et elles précèdent régulièrement, à une distance de 90 degrés occidentale, les influences qui les occasionnent.

Ainsi donc, en sachant où se trouvent les deux sommets des deux montagnes liquides formées par les deux pressions lunaires, (qui produisent les hautes mers), on sait où se trouvent les basses mers. Les basses mers ont lieu aux endroits où se trouvent les pressions lunaires; elles partagent les distances entre les sommets des montagnes, liquides, et, comme les hautes mers, elles ont lieu, pour un même pays, toutes les 12 heures, 25 minutes,

14 secondes, qui constituent la moitié d'un jour lunaire.

Il n'en est pas ainsi pour les marées des ports que baigne le côté oriental de l'Océon Atlantique septentrional, où se trouvent les ports d'Europe, car, ainsi que je l'ai démontré, et que cela s'effectue naturellement, les mascarets formés par les pressions lunaires et solaires dans l'Océan Atlantique décrivent des circuits en suivant parfois la direction de l'astre qui les produit, et en revenant ensuite à sa rencontre.

Tout cela est cause que dans des ports européens il y a inégalité entre les temps qu'emploient les marées pour s'élever à leur plus grande hauteur et celui qu'elles mettent pour s'abaisser.

Voici une particularité bien prononcée entre les marées des Grands Océans et celles qui ont lieu au côté oriental de l'Océan Atlantique qui baigne les ports d'Europe, et cette particularité mérite attention.

Dans les grandes mers libres, les mascarets doivent circuler avec impétuosité pendant tout leur parcours, en étant constamment poussés d'orient en occident par l'astre qui les fait surgir, tandis que vers le côté oriental, où se trouvent les ports d'Europe, la mer doit s'élever paisiblement; elle ne doit avancer dans les terres qu'elle envahit par sa croissance que par le propre poids des eaux, et elle doit redescendre de la même manière. Cela vient de ce que la configuration des terrains dans lesquels se trouve l'Océan Atlantique septentrional imite un grand réservoir, dans lequel sont poussées alternativement des eaux en plus ou moins grande quantité à chaque passage des pressions lunaires et solaires dans la zone torride de l'Océan Atlantique, et dont elles en aplanissent la sphéricité.

Lorsque ces pressions ont passé, et qu'elles portent sur le continent d'Amérique ou dans le Grand Océan, la zone torride de l'Océan Atlantique reprend son niveau sphérique, et les eaux qui ont été poussées vers le nord et l'orient de l'Océan Atlantique septentrional redescendent naturellement par leur poids.

Dans l'Océan Atlantique on ne peut pas distinguer les nombreuses variations des écarts en latitude des rayons vecteurs de la lune comme dans le Grand Océan et la mer des Indes, parce que ces écarts sont dénaturés par les deux continents d'Afrique et d'Amérique, et surtout par la pointe orientale de l'Amérique méridionale, qui divise les eaux des mascarets quand ils croisent cette dernière pointe.

La variation en latitude des rayons vecteurs du soleil et de la lune ne font qu'augmenter ou diminuer la grandeur des marées qui ont lieu dans l'Océan Atlantique septentrional, où se trouvent les ports européens.

Ces augmentations et diminutions viennent, ainsi que je l'ai dit, des changements de position en latitude que prennent alternativement les pressions lunaires et solaires par rapport à la pointe orientale de l'Amérique méridionale, que j'ai appelée le *diviseur des eaux.*

Je conclus donc : que les nombreuses variations qui existent dans les écarts en latitude de la lune ne laissent pas de traces dans l'Océan Atlantique septentrional, et ces écarts se bornent à faire varier la grandeur des marées qui ont lieu dans cette dernière branche de mer.

Il n'en est pas de même dans le Grand Océan et la mer des Indes, car on a vu (page 120) que le rapprochement de l'équateur des rayons vecteurs de la lune pendant la durée d'un jour lunaire seulement fera rapprocher de la ligne équatoriale les deux pressions lunaires de 4 degrés chacune.

Six jours postérieurs à l'époque citée à cette occasion, les deux pressions lunaires se rencontreront et se croiseront sur l'équateur, en s'écartant mutuellement vers les plus grandes latitudes où se portent les rayons vecteurs de le lune.

Ainsi de suite, tous les 13 jours, 15 heures, 51 minutes et 32 secondes, les deux pressions lunaires, ainsi que les deux mascarets, se porteront d'un côté à l'autre de la zone torride, en se croisant sur l'équateur.

Par le temps qui court, les écarts en latitude des rayons vecteurs de la lune par rapport à l'équateur sont à peu près de 23 degrés, parce que les nœuds de la lune concourent en ce moment avec les tropiques. Ces écarts iront en augmentant jusqu'à l'année 1876, où ils seront d'environ 28 degrés et demi, ainsi qu'on l'a vu (page 53), où j'ai indiqué les époques auxquelles la pression lunaire s'écartera presque jusqu'à la hauteur de la mer Méditerranée.

Dans ces circonstances, la pression lunaire diamétralement opposée à la lune ne touchera la pointe de l'Afrique méridionale que de la valeur d'environ 5 degrés, les deux marées qui, à cette époque, se succèderont à 12 heures, 25 minutes, 14 secondes d'intervalle, ces deux marées, dis-je, circuleront à une distance en latitude de presque toute l'étendue de l'Afrique, c'est-à-dire à une distance de 57 degrés, qui font à peu près 1,400 lieues.

A partir de l'année 1876 jusqu evers le milieu de l'année 1885 (que le nœud ascendant de la lune concourra avec l'équinoxe d'automne), les écarts en latitude de la lune ne seront plus que d'environ 18 degrés et demi. Alors les plus grandes séparations en latitude des deux pressions lunaires ne seront plus que d'environ 37 degrés.

Par la même raison, les deux marées, qui, dans ces temps, se succèderont à un intervalle de 12 heures, 25 minutes et 14 secondes, ne seront plus séparées que d'environ 37 degrés pendant les plus grands écarts en latitude de la lune.

A l'appui des nombreux et larges sillons que les pressions lunaires décrivent dans la zone torride du Grand

Océan et la mer des Indes, en moins de 14 jours (1), il faut encore ajouter les petits sillons tracés par les deux pressions solaires qui circulent un peu plus vite, longitudinalement, que les deux pressions lunaires, et se déplacent bien plus lentement en latitude (2).

En faisant la part des nombreuses ondulations que ces diverses pressions doivent faire surgir sur ces grandes mers, en réfléchissant, surtout, que ces perturbations doivent continuellement changer de position, on peut se faire une idée des avantages qu'on pourrait obtenir par la connaissance, par avance, et des endroits et des époques où ces ondulations et ces courants extraordinaires doivent avoir lieu.

On comprendra, je l'espère, que les connaissances des causes de ces diverses perturbations, jointes à la pratique des voyages sur les mers, ne peuvent éviter d'offrir quelques sécurités aux marins pour effectuer leurs voyages à longs cours.

Ceci étant dit en passant, comme une observation que je crois utile, je vais reprendre mes explications à l'égard de l'Océan Atlantique, où se trouvent les ports d'Europe.

---

(1) On a vu (page 129) que les rayons vecteurs de la lune emploient en moyenne 13 jours, 15 heures, 51 minutes, 32 secondes, pour se porter de l'équateur à leur plus grande latitude, et revenir vers l'équateur.

(2) Pour se porter alternativement de l'équateur vers les tropiques, et revenir vers l'équateur, les deux pressions solaires emploient en moyenne 182 jours, 14 heures, 54 minutes et 22 secondes.

CONTINUATION DES EXPLICATIONS AU SUJET DE LA DEUXIÈME MARÉE QUI AURA LIEU DANS LES PORTS EUROPÉENS A PARTIR DU 26 DÉCEMBRE PROCHAIN 1871, A 3 HEURES, 31 MINUTES, 23 SECONDES DU SOIR.

On a vu (page 123) que la marée qui aura lieu dans les ports d'Europe, dans la matinée du 27 décembre prochain (et qui dépendra de la pression de la lune même), sera beaucoup plus grande que celle qui aura lieu dans les mêmes ports 12 heures, 25 minutes, 14 secondes plus tard.

J'ai fait connaître (page 112) la cause pour laquelle la marée antérieure sera beaucoup plus grande que la marée postérieure de 12 heures, 25 minutes, 14 secondes; j'ai dit, et je le répète, que la véritable cause de cette différence de grandeur de ces deux marées venait de ce que la haute mer qui arrivera dans les ports d'Europe dans la matinée du 27 décembre prochain 1871 dépendra de la pression de la lune même, qui se trouvera au nord, par rapport au *diviseur des eaux*, lorsqu'elle traversera l'Océan Atlantique.

Tandis que la marée qui arrivera immédiatement après dans les ports d'Europe dépendra de la pression lunaire diamétralement opposée à la lune, et que, par ce fait, cette dernière pression lunaire se trouvera en latitude méridionale, par rapport au *diviseur des eaux*, quand elle traversera l'Océan Atlantique.

J'ai ajouté, et je le maintiens, que, par suite de cette position en latitude, la majeure partie de la montagne liquide occasionnée par cette dernière pression lunaire sera poussée dans le rivage qui conduit dans le Grand Océan et la mer des Indes, et que ce fait est l'unique cause pour laquelle la marée postérieure, qui arrivera dans les ports d'Europe dans l'après-midi du 27 décembre prochain 1871, sera beaucoup moins grande que celle qui, dans les mêmes ports, aura lieu antérieurement dans la matinée du même jour.

Pour rendre la vérification de ces faits bien facile à faire par toutes les personnes qui en auront la volonté, j'ai indiqué (page 112) les époques auxquelles la première de ces deux marées sera à sa plus grande hauteur dans les ports de Brest, de Saint-Malo et de Dieppe, et voici les instants auxquels aura lieu, dans les mêmes ports, la haute mer qui dépendra de la pression lunaire diamétralement opposée à la lune.

Dans le port de Brest, le 27 septembre 1871, à 4 heures, 35 minutes, 14 secondes du soir.

Dans celui de Saint-Malo, le même jour, à 6 heures, 53 minutes, 14 secondes du soir, et dans le port de Dieppe, également le même jour, mais à 11 heures, 15 minutes, 14 secondes du soir.

Comme ce n'est qu'en moyenne que les hautes mers consécutives reviennent dans les mêmes lieux toutes les 12 heures, 25 minutes et 14 secondes, il pourra exister quelques petites différences dans les époques indiquées pour les trois ports de Brest, de Saint-Malo et de Dieppe, à l'égard des deux hautes mers qui auront lieu dans ces ports dans la journée du 27 décembre prochain 1871, mais ces petites différences ne pourront être que de quelques miuutes.

Ainsi donc, pour vérifier s'il est vrai, comme je le dis, que les différences de grandeur dans les marées des ports d'Europe ne dépendent uniquement que des différentes positions qu'occupent en latitude les pressions lunaires et solaires, par rapport au *diviseur des eaux* pendant les passages desdites pressions sur l'Océan Atlantique,

Il suffira : 1° de se rendre, le 27 décembre prochain 1871, dans l'un des trois ports que j'ai indiqués, n'importe lequel ;

2° D'observer si la marée qui arrivera le matin dans ce port sera plus grande que celle qui aura lieu après, dans l'après-midi ;

3° Et enfin, se rendre compte si, pendant la nuit précédente, la lune aura passé au zénith du lieu où l'on se trouvera.

Si cela a lieu ainsi, comme j'en suis certain, on saura que la première de ces deux marées sera la conséquence de la lune même, qui aura passé sur l'Océan Atlantique pendant la nuit précédente, et que la deuxième marée dépendra de la pression lunaire diamétralement opposée à la lune, et qui ne passera sur l'Océan Atlantique que quand la lune se trouvera sous l'horizon, au méridien inférieur.

J'espère que dans l'intérêt du progrès des sciences, et surtout dans l'intérêt des navigateurs à long cours, on se rendra à mon appel pour vérifier matériellement sur la terre si ce que j'avance est vrai ou non.

NOUVELLES EXPLICATIONS A L'ÉGARD DES DEUX MARÉES QUI
PARCOURRONT LE GRAND OCÉAN ET LA MER DES INDES
DANS L'APRÈS-MIDI DU 26 DÉCEMBRE PROCHAIN 1871, ET
DANS LA MATINÉE DU LENDEMAIN 27 DÉCEMBRE (HEURE DE
PARIS).

La première de ces deux marées dépendra de la pression lunaire diamétralement opposée à la lune ; elle parcourra occidentalement, et par 23 degrés de latitude méridionale, au début, tout le Grand Océan et la mer des Indes, à partir du côté occidental de l'Amérique méridionale, au côté oriental de l'Afrique (1).

Par ce parcours (qui sera de 250 degrés en longitude et s'effectuera en 17 heures et 15 minutes), le sommet de la montagne liquide qui constituera cette marée croisera les terrains qui se trouveront sur son passage, principalement l'Australie et l'île Madagascar. Il arrivera vers le côté oriental de l'Australie le 26 décembre pro-

---

(1) Pendant que cette première marée aura lieu dans le Grand Océan et la mer des Indes, à 23 degrés de latitude méridionale, une autre marée aura lieu en même temps du côté de la terre diamétralement opposé, soit en longitude soit en latitude.

Le parcours occidental du sommet de la montagne liquide qui constituera cette marée sera entravé et dénaturé par les deux continents d'Afrique et d'Amérique; il fera aller et retour, et son parcours se terminera vers le côté oriental de l'Océan Atlantique septentrional, où se trouvent les ports européens

chain 1871, à 7 heures, 55 minutes, 23 secondes du soir, par 150 degrés de longitude est, et 22 degrés de latitude méridionale, et il se trouvera vers le côté oriental de l'île Madagascar le 27 décembre prochain 1871, à 3 heures, 7 minutes, 40 secondes du matin, par 45 degrés de longitude est, et 21 degrés de latitude méridionale.

La deuxième de ces deux marées dépendra de la pression de la lune même; elle parcourra occidentalement, par 21 degrés de latitude septentrionale, au début, le Grand Océan et la mer des Indes, à partir de l'embouchure du golfe de Californie (1).

Par ce parcours (qui sera de 210 degrés en longitude, et s'effectura en 14 heures et 30 minutes), le sommet de la montagne liquide, qui constituera cette marée, croisera les terrains qui se trouveront sur son passage et principalement tout le littoral de la mer des Indes.

---

(1) Pendant que cette deuxième marée aura lieu dans le Grand Océan et la mer des Indes, par une grande latitude septentrionale, une autre marée aura lieu en même temps du côté de la terre diamétralement opposé en longitude et en latitude; mais les continents d'Afrique et d'Amérique empêcheront au sommet de la montagne liquide, qui constituera cette marée, de continuer son parcours occidental, comme cela aurait lieu sans ces barrages.

Les deux continents d'Afrique et d'Amérique dénatureront également la position en latitude du sommet de la montagne liquide, car, au lieu de rester en latitude méridionale, une partie des eaux de ce mascaret sera poussée vers le côté oriental de l'Océan Atlantique septentrional, où se trouvent les ports d'Europe, et, par conséquent, à une grande latitude septentrionale.

Ce même sommet de la montagne liquide, qui précèdera le déplacement occidental de la lune, se trouvera :

1° Vers l'embouchure du golfe de Californie, par 110 degrés de longitude ouest, et 21 degrés de latitude septentrionale, le 27 décembre prochain 1871, à 1 heure, 26 minutes, 37 secondes du matin.

2° Vers une des îles Philippines, appelée île Lucon, par 120 degrés de longitude est, et 20 degrés de latitude septentrionale, le même jour, à 10 heures, 26 minutes, 37 secondes du matin.

3° Vers le côté oriental de l'Arabie, par 56 degrés de longitude est, et 19 degrés de latitude septentrionale, le même jour, à 2 heures, 51 minutes, 37 secondes du soir.

4° Et enfin vers le côté oriental de la mer Rouge, par 40 degrés de longitude est, et 19 degrés de latitude septentrionale, et toujours le même jour, 27 décembre prochain 1871, à 3 heures, 56 minutes, 37 secondes du soir.

Les positions qu'occuperont, à diverses époques, les deux sommets des deux montagnes liquides, qui précèderont les deux pressions lunaires étant connues, je ferai rappeler que le déplacement occidental de ces deux montagnes liquides s'effectue par une vitesse de 14 degrés et 49 centièmes de degré par heure, et d'un sixième de degré seulement, aussi par heure, en latitude septentrionale ou méridionale, suivant où ces latitudes se trouvent par rapport à l'équateur.

J'explique tout cela pour qu'on puisse se rendre compte au sujet des endroits où devront se trouver les sommets des deux montagnes liquides, dans l'après-midi du 26 décembre prochain 1871, pour celui qui précède le déplacement occidental de la pression lunaire diamétralement opposée à la lune, et dans la matinée du 27 décembre prochain 1871, pour celui qui précèdera la pression de la lune.

Pour fournir une preuve de l'harmonie qui existe dans les faits que j'avance, et prouver, en même temps, leur réalité, je ferai remarquer que, lorsque pendant la première des deux marées en question, le sommet de la montagne liquide (qui précèdera la pression lunaire diamétralement opposée à la lune) arrivera vers un terrain quelconque, vers l'Australie, ou vers l'île Madagascar, ou n'importe vers quel terrain qui se trouvera sur son passage, je ferai remarquer, dis-je, qu'il arrivera ce qui suit :

1° Que ce terrain aura la haute mer ;

2° Qu'il sera 6 heures du matin pour ce pays ;

3° Que le soleil figurera à l'horizon, au levant, et la lune à l'horizon, au couchant ;

4° Et enfin, que ce pays aura la saison d'été, et que, par ce dernier fait, les habitants de ces lieux pourront apercevoir le soleil et la lune au-dessus de l'horizon.

Six heures après, ce même pays aura la basse mer, le soleil figurera au zénith, et la lune croisera le méridien inférieur sous l'horizon.

Pendant la deuxième de ces deux marées, lorsque le sommet de la montagne liquide (qui précèdera la pression de la lune) se trouvera vers l'un des nombreux terrains qui font partie du littoral de la mer des Indes, tels que la Chine, l'Indoustan, l'Arabie, ou n'importe lequel, les faits suivants auront lieu :

1° Ce terrain aura la haute mer ;

2° Il sera 6 heures du soir pour ce pays ;

3° Le soleil se trouvera du côté du couchant, et la lune du côté du levant ;

4° Et enfin, ce pays aura la saison d'hiver; et par ce dernier fait, les habitants de ces lieux n'apercevront ni le soleil, ni la lune, parce que le premier de ces deux astres sera couché, et l'autre ne sera pas encore levé.

Six heures après, ce pays aura la basse mer, la lune sera au zénith, et le soleil se trouvera vers le méridien inférieur sous l'horizon.

Ayant indiqué (pages 136, 137 et 138) les époques (1) et les lieux vers lesquels se trouveront les sommets des deux montagnes liquides, qui précèderont les deux pressions lunaires pendant les deux marées des 26 et 27

---

(1) Il ne faut pas oublier que ces époques sont prises sur l'heure de Paris.

décembre prochain, on pourra vérifier si (comme j'en suis certain) les choses se passeront de la manière que je les ai annoncées.

Pour faire ces vérifications, il faudra se procurer une bonne montre ou un chronomètre marquant bien l'heure de Paris, et observer si, aux époques que j'indique, les hautes mers se trouveront vers les lieux fixés, et si, à ces mêmes époques, le soleil et la lune figureront comme je l'annonce par rapport à ces pays.

Les retours périodiques des pressions lunaires vers un point quelconque de la terre, soit en longitude, soit en latitude, n'étant qu'en moyenne, il pourra exister quelques légères différences dans les époques et les lieux que j'ai prédits au sujet des hautes et basses mers, mais ces différences ne pourront être que de quelques minutes, et, généralement, plus les choses prédites sont postérieures, plus il y a d'exactitude dans les faits annoncés d'avance.

Je crois que voilà assez des explications pour faire comprendre que les marées ne dépendent pas de l'attraction, car en voyant les faits relatés dans les notes (pages 136 et 137, et qui sont d'une vérité incontestable), il y aurait vraiment de quoi faire pitié si les Newtoniens persistaient à vouloir faire croire que les flux et reflux des mers dépendent d'une puissance attractive.

Pour continuer à faire accepter cette *bévue*, il faudrait supposer une attraction intelligente, qui se courberait à volonté pour se rendre plus à l'orient et plus au nord que ne se rendraient naturellement les sommets des montagnes liquides formées par les pressions lunaires et solaires, si les barrages des continents d'Afrique et d'Amérique ne forçaient pas ces mascarets à se dévier de la voie qui leur est naturellement tracée.

Ce tour de force dépasserait encore celui qu'a fait Newton en imaginant aux planètes une force de projection en ligne droite pour faire concorder les causes avec les faits, d'après son système d'attraction.

En lisant les Annuaires du Bureau des longitudes, publiés depuis fort longtemps par des hommes à grands talents, on y voit les mêmes moyens employés pour expliquer les causes des flux et reflux des mers; on voit que les grandes intelligences, qui ont successivement publié ces annuaires, ont suivi une profonde ornière creusée par le célèbre mathématicien anglais, laquelle ornière les a maintenus dans une fausse voie.

Cette fausse voie les a empêché d'apercevoir celle qu'ils auraient pu suivre pour découvrir les véritables et principales causes des marées, et, par cette découverte, ils auraient pu se rendre compte des divers déplacements qu'effectuent, sur le Grand Océan et la mer des Indes, les nombreuses ondulations que font surgir les pressions lunaires et solaires.

Ces perturbations, par leurs continuelles variations en latitude, peuvent être dangereuses pour les navigateurs à long cours, faute de connaître par avance les époques et les endroits où elles doivent avoir lieu.

Je crois que ce n'est pas émettre une opinion trop hasardée en disant que par les connaissances des véritables causes des marées, ainsi que des conséquence qui peuvent en résulter (surtout dans le Grand Océan et la mer des Indes), on éviterait plus des trois quarts des naufrages, qui ont lieu sur les mers lointaines.

Mais, dira-t-on, les Annuaires publiés dans le Bureau des longitudes annoncent périodiquement les époques des plus grandes marées qui doivent avoir lieu dans le courant de l'année qui suit cette publication.

A cela je répondrai qu'il est vrai que, par suite de nombreuses observations faites dans les ports européens, on a des connaissances sur les particularités qui occasionnent les plus ou moins grandes marées.

On se base sur les périgées et apogées de la lune et du soleil, sur les syzygies et les quadratures de la lune, sur les plus ou moins grands rapprochements de l'équateur soit du soleil, soit de la lune.

Toutes ces particularités ont plus ou moins d'influence pour avoir des plus ou moins grandes marées, parce que lorsque le soleil et la lune sont plus rapprochés de la terre, leur disque occupant plus de place sur les mers, leur pression occasionne des plus fortes marées que quand ils sont apogés.

Comme aussi, quand la lune est en syzygie, les prèssions solaires et lunaires sont réunies vers le même point; elles produisent beaucoup plus d'effet sur la sphéricité des mers que lorsque la lune est en quadrature; car, dans ces circonstances, les pressions lunaires et solaires sont divisées et se neutralisent les unes par les autres.

Quand la lune et le soleil décrivent l'équateur, leurs pressions mutuelles ont plus d'influence, parce qu'elles pèsent ensemble et plus directement sur le centre de la sphéricité des mers.

J'ai fait la part de ces diverses influences dans cet ouvrage, et on a dû voir que ces particularités concordent parfaitement avec mon système de pressions lunaires et solaires des deux côtés de la terre à la fois.

Quant aux plus ou moins grands retards des marées dans des ports d'Europe, après les passages de la lune aux méridiens de ces ports, j'ai fait connaître les véritables causes de ces faits (page 109 et autres), et les raisons que j'en ai données ne peuvent pas être révoquées en doute.

Faute d'avoir la moindre notion sur les véritables causes de ces retards, les attractionnaires (qui ont successivement publié des annuaires dans le Bureau des longitudes) les ont attribués à l'attraction, qui leur sert pour tout expliquer, en l'augmentant et en la diminuant à volonté pour faire concorder les causes avec les faits.

En admettant que les connaissances qu'on possède sur les marées de l'Océan Atlantique (par suite des nom-

breuses observations faites dans les ports européens)
soient de nature à offrir quelques sécurités aux navigateurs dans cette branche de mer, cela ne garantit pas
des dangers que font courir les marées qui ont lieu dans
le Grand Océan et dans la mer des Indes.

Ainsi que je l'ai démontré bien des fois dans le courant
de cet ouvrage, les marées du Grand Océan et de la mer
des Indes, qui n'ont pas de barrages capables d'entraver
et de dénaturer leur parcours, ces marées ne sont pas
du tout de la nature des flux et reflux qui ont lieu dans
l'Océan Atlantique.

Par les deux continents d'Afrique et d'Amérique, qui
servent de bornes aux marées qui ont lieu dans l'Océan
Atlantique, les montagnes liquides qui constituent ces
marées sont successivement poussées dans le golfe du
Mexique, et de là vers le côté oriental de l'Océan Atlantique septentrional, où se trouvent les ports européens.

Là se termine le parcours des montagnes liquides,
qui font aller et retour dans l'Océan Atlantique, et reviennent à la même longitude qui a marqué leur point de
départ.

Dans le Grand Océan et la mer des Indes, les grandes
et petites montagnes liquides (que font surgir les pressions lunaires et solaires) circulent occidentalement, sans
interruption, avec une rapidité effrayante, en décrivant
des parallèles qui ne restent jamais aux mêmes latitudes.

Ainsi que je l'ai démontré dans le courant de cet ouvrage, et ainsi que cela a réellement lieu, les parallèles que décrivent les grandes ondulations que font surgir les pressions lunaires dans le Grand Océan et la mer des Indes s'éloignent considérablement les unes des autres en peu de temps, et elles se réunissent ensuite vers l'équateur, où elles se croisent mutuellement.

Ces grandes ondulations, précédées ou suivies par les petites, que font surgir les pressions solaires, ne doivent-elles pas souvent surprendre et faire périr les bâtiments des navigateurs qui, faute de connaître par avance les époques et les endroits où ces perturbations doivent avoir lieu, se trouvent sur leur passage et en subissent les funestes conséquences ?

Pour fournir un exemple à cet égard, je citerai ce qui pourrait arriver sur le littoral de la mer des Indes, dans l'après-midi du 28 décembre prochain, pendant le passage d'une marée qui dépendra de la pression de la lune et de la pression solaire diamétralement opposée au soleil.

Pour procéder avec ordre, je ferai remarquer que cette marée succèdera à celle qui aura eu lieu dans le même pays, et par les mêmes pressions lunaires et solaires, 24 heures, 50 minutes et 28 secondes avant.

Il en sera ainsi parce que la marée intermédiaire, qui aura lieu dans le Grand Océan, et qui partagera la durée d'un jour lunaire, cette marée circulera à une grande latitude méridionale, et elle ne sera pas aperçue par les Indiens.

Cette particularité (qui n'est pas compatible avec l'attraction) est peut-être restée inconnue jusqu'à ce jour ; dans tous les cas, elle existe et prouve combien les flux et reflux des grandes mers libres diffèrent d'avec ceux de l'Océan Atlantique (1).

Ce qui me fait supposer que les faits que je viens de citer sont restés inconnus jusqu'à ce jour, c'est qu'il n'en a jamais été question dans aucun des annuaires publiés par le Bureau des longitudes, comme aussi, dans l'annuaire publié pour cette année 1871, et que j'ai sous les yeux, il n'a pas été parlé de la marée du 28 décembre prochain, qui aura lieu sur le littoral de la mer des Indes.

Par sa position, cette marée sera une des plus dangereuses, pour les navigateurs à long cours, de toutes les marées qui auront lieu cette année, quand même au 28 décembre la lune sera apogée.

En admettant que pendant l'intervalle des 24 heures, 50 minutes et 28 secondes qui sépareront les deux pas-

---

(1) En lisant les annuaires publiés depuis fort longtemps par le Bureau des longitudes à l'égard des causes des flux et reflux des mers, les Indiens pourraient (sans craindre de porter un jugement téméraire) employer cette maxime :

L'erreur est grande, les Newtoniens en sont les prophètes.

sages des deux marées des 27 et 28 décembre prochain, au nord de la mer des Indes, quelques navigateurs, venant de l'équateur, se rendraient dans ces parages, les uns dans la mer de Chine, d'autres dans le golfe du Bengale, et d'autres dans la mer d'Omand.

En admettant aussi que ces marins ignorassent les passages des deux montagnes liquides qui devront successivement avoir lieu, en se suivant de près, dans l'après-midi du 28 décembre prochain (1), heure de Paris, et qui parcourront en quatre heures et demie tout l'espace contenu entre Cochinchine et la mer Rouge.

N'est-il pas à peu près certain que la majeure partie des bâtiments de ces navigateurs seraient précipités sur les côtes d'Asie, et que bon nombre de ces vaisseaux feraient naufrage ?

Dans cette circonstance, les navigateurs qui se trouveraient dans ces parages auraient le même sort que beaucoup de marins à long cours doivent avoir subi, faute d'avoir connu antérieurement les époques et les endroits auxquels doivent avoir lieu les grandes et petites ondulations qui surgissent dans le Grand Océan et la mer des Indes, et dont les parallèles qu'ils décrivent varient constamment.

---

(1) Ce qui est fort probable, puisque jusqu'à ce jour il n'y a pas eu des règles qui établissent les variations en latitude des diverses ondulations qui ont lieu sur le Grand Océan et la mer des Indes, et qui sont les conséquences des pressions lunaires et solaires.

La question que je traite ne pouvant qu'être utile à l'humanité, j'espère qu'on cherchera à l'approfondir, car il y a urgence d'arrêter autant que possible les désastres qui ont journellement lieu sur les mers.

Bon nombre de hardis explorateurs dans les mers lointaines n'ont pas reparu, faute d'avoir été suffisamment renseignés sur les nombreuses perturbations qui ont lieu sur les mers et dont les parcours varient constamment.

Faute d'avoir connu les véritables causes de ces perturbations, on a complétement ignoré les lignes qu'elles suivent sur les grandes mers libres, et les marins sont restés exposés à en subir les funestes conséquences.

En attendant qu'on vérifie et qu'on approfondisse les faits que j'avance, *j'affirme* que du 24 au 28 décembre prochain il n'y aura qu'une marée par jour dans la mer septentrionale des Indes, et voici ce qui se passera à l'égard de celle du 28 :

Le sommet d'une montagne liquide venant du Grand Océan, et qui précèdera le déplacement occidental de la pression de la lune, arrivera vers le côté oriental de Annam (où se trouve Cochinchine), le 28 décembre prochain, à midi, 11 minutes, 20 secondes (heure de Paris), par 107 degrés de longitude est, et 16 degrés de latitude septentrionale.

Cette montagne liquide sera précédée de 1 heure trois quarts par un mascaret dépendant d'une pression solaire diamétralement opposée au soleil, et qui circulera par 22 degrés et demi de latitude septentrionale. (1)

Les deux sommets de ces deux montagnes liquides occuperont une latitude de 7 degrés et demi, laquelle latitude correspondra avec les bords des mers, et s'étendra au large à près de deux cents lieues.

La rapidité avec laquelle ces deux ondulations circuleront occidentalement leur permettra de franchir la distance contenue entre Cochinchine et la mer Rouge, en 4 heures 36 minutes.

Ainsi, qu'on apprécie les dangers auxquels seraient exposés les bâtiments qui, pendant le passage de ces foudroyantes ondulations, se trouveraient, par 16 ou 17 degrés de latitude septentrionale, soit dans la mer de la Chine, soit dans le golfe du Bengale, soit dans la mer d'Omand, il est certain que ces vaisseaux seraient tous précipités contre les côtes orientales de ces mers, et que la majeure partie ferait naufrage.

J'ai dit plus haut que la question que je traite ne

---

(1) Le mascaret dépendant d'une pression solaire précédera celui dépendant d'une pression lunaire, et il circulera par une plus grande latitude septentrionale, parce que depuis l'époque de la syzygie, où ils se trouveront ensemble, le mascaret solaire aura dépassé, occidentalement et longitudinalement, le mascaret lunaire, de la valeur de 25 degrés, et il sera resté en retard de déplacement, en latitude, de la valeur de 7 degrés et demi.

peut qu'être profitable à l'humanité, parce qu'elle fera connaître une puissance extraordinaire qui étonnera beaucoup et dont on pourra tirer quelques avantages.

Par ces motifs, j'ose espérer que, dans l'intérêt du progrès des sciences, et surtout dans celui de la sécurité de la navigation, mes citations auront de l'écho, et seront prises en considération.

Vienne (Isère), le 15 août 1871.

Antoine DERYAUX.

ERRATA.

—

Page 18, ligne 18°, lisez : *Uranus*, au lieu de *Uranie*.

Page 37, ligne 14°, lisez : jusqu'à *ce jour*, au lieu de jusqu'à *ces jours*.

Page 45, ligne 22°, lisez : Il faudrait que la main *pressât* beaucoup plus fort, au lieu que la main *presse* beaucoup plus fort.

Page 51, ligne 2°, la virgule (,), au lieu d'être mise après le mot *flux*, doit être mise après le mot *reflux*.

Page 66, ligne 4°, lisez : *page* 64, au lieu de *page* 65.

Page 67, ligne 26°, lisez : *page* 64, au lieu de *page* 65.

TABLE

DES MATIÈRES.

VIENNE, IMPR. ET LITH. J. TIMON.